Gasmaschinen und Kompressoren mit Wass rkolben

Entwicklungsgedanken und Erfahrungen

von

Prof. Dr.-Ing. G. Stauber

ord. Prof. für Hüttenmaschinenkunde an der
Techn. Hochschule Berlin

Mit 86 Abbildungen

Mit einem Anhang:

Die Flüssigkeitsbewegung in Wasserkolbenmaschinen

von

Dr.-Ing. Friedr. Engel

ständ. Assistent am Lehrstuhl für Hüttenmaschinenkunde
an der Techn. Hochschule Berlin

München und Berlin 1937

Verlag von R. Oldenbourg

Diese Denkschrift ist den Förderern meiner Bestrebungen gewidmet. Ich verdanke die Erfahrungen und Erfolge der letzten zehn Jahre den Herren:

> Dr.-Ing. e. h. Walther Voith
>
> Dr. jur. Hermann Voith
>
> Dr.-Ing. e. h. Hanns Voith

sowie

der Maschinenfabrik J. M. Voith-Heidenheim a. d. Brenz und deren Mitarbeitern.

Berlin, 1936. Der Verfasser.

Inhaltsverzeichnis.

Vorwort.

Der Verfasser hat sich mit der Aufgabe beschäftigt, für die in den letzten Jahren durch die Dampfturbine mehr und mehr in den Hintergrund gedrängte Großgasmaschine eine grundsätzlich neue, mit Wasserkolben arbeitende Bauform zu entwickeln. Diese sollte billiger und betriebssicherer als die bisherige werden und den Ölaufwand für Innenschmierung überflüssig machen.

Da der Voith-Stauber-Kompressor, der ebenfalls mit Wasserkolben arbeitet, bereits marktfähig geworden ist und sich im Betrieb bewährt, erscheint es angebracht, die Anschauungen des Verfassers hinsichtlich der Entwicklungsnotwendigkeiten der Großgasmaschine eingehender und für einen größeren Kreis als bisher zu erläutern, sie durch inzwischen gewonnene Betriebserfahrungen zu stützen und die gesamte folgerichtige Entwicklung der neuen Maschinenart aus älteren Wasserkolbenmaschinen zu schildern, die in der Fachwelt entweder unrichtig bewertet wurden oder völlig unbeachtet geblieben waren.

Es ist dem Verfasser eine angenehme Pflicht, gelegentlich der Herausgabe dieser Denkschrift seinem Assistenten Herrn Dr.-Ing. Friedrich Engel, dem Verfasser des Anhangs, für seine langjährige treue Mitarbeit besonders zu danken.

G. STAUBER.

I. Das Ziel.

Wie überall, so gibt es auch in den Zielen des Brennkraftmaschinenbaues eine Mode. Sie hieß jahrelang »Gasturbine«; sie heißt heute »Höchstdruckdampf« oder »Verdampfungsmaschine statt Dampfkessel«; sie wird morgen anderes bringen, besonders dann, wenn der Wechsel eine Belebung des Geschäftes verspricht. Wenn man von solchen Schlagworten unbeeinflußt die Aufgaben einer hochwertigen Wärmekraftanlage bezeichnen soll, so kann man dies nicht anders als in der folgenden Aufstellung:

1. Eine Wärmekraftmaschine soll keinen Umweg mit Wärme machen, er kostet ihr zu hohe Wärmeverluste;
2. sie soll keinen Umweg mit Kräften machen, er kostet ihr zuviel Baustoff und zu hohe Reibungsverluste;
3. sie soll die Verwendung billiger Baustoffe ermöglichen und bei deren Bearbeitung keine außergewöhnliche Genauigkeit verlangen, sonst wird sie zu teuer;
4. sie soll im Feuerbereich keine Ölschmierung verlangen, sonst verbrennt sie wertvollen Schmierstoff, dessen Ersatz sogar schwierig werden kann;
5. sie soll an ihren lebenswichtigen Teilen keiner örtlichen Überhitzung und keiner Verschmutzung ausgesetzt sein, sonst erleidet sie häufige und kostspielige Betriebsunterbrechungen.

Die heutige Bauart der ortsfesten Großgasmaschine vermag die Gesamtheit dieser Forderungen nicht zu erfüllen, aber ebensowenig kann dies ihr immer mächtiger gewordener Konkurrent, die vielstufige Dampfturbine hinter gasbefeuerten »Zwangsstrom-Dampferzeugungsmaschinen«. Der Wettkampf dieser beiden Typen von Wärmekraftanlagen beschränkte sich bis in die letzte Zeit viel zu sehr auf die Einsparung von Wärme und man hat es wegen der »allmählichen Erschöpfung unserer Wärmequellen« scheinbar in weiten Kreisen für unvermeidlich gehalten, einer Einsparung an Wärme zuliebe große Zugeständnisse in bezug auf bauliche Einfachheit und auf Betriebssicherheit zu machen. Ortsfeste Großmaschinen für Hüttenwerke in Aggregaten von der heute üblichen Höhe, die mit gasförmigen oder auch flüssigen Brennstoffen arbeiten sollen, können eine andere Auffassung der Bauziele beanspruchen. Für sie läßt sich sehr wohl eine neue Form angeben, die kein bedenkliches Kompromiß zwischen Wärmewirtschaftlichkeit und Betriebssicherheit darstellt, die vielmehr den obenbezeichneten Forderungen in ihrer Gesamtheit entspricht und allen Wünschen in bezug auf Einfachheit, Billigkeit, Anspruchslosigkeit, Sicherheit und Wärmewirtschaftlichkeit in gleicher Weise gerecht wird. Eine solche grundsätzlich neue Maschinenform ergibt sich mit zwingender Folgerichtigkeit dann, wenn man als Vermittler zwischen dem Brennstoff und dem Maschinenläufer Wasserkolben verwendet. Die neue Maschine wird eine Wasserkraftmaschine sein, deren Wasserpressung durch reine Druckwirkung von Verbrennungsgasen entsteht, und zwar im Maschinenläufer selbst, der diese Gase in umlaufenden Brennräumen durch Verpuffung entstehen läßt.

II. Gasblasenturbine.

Seit langer Zeit gibt es Arbeitsmaschinen, in welchen eine reine Druckwirkung zwischen Luft und Wasser als Grundlage des Arbeitsverfahrens benützt wird, und die sich durch außerordentliche bauliche Einfachheit auszeichnen. In der Form einzelner Blasen eingeschlossen, kann bekanntlich Luft durch Vermittlung des sie umgebenden Wassers sehr vorteilhaft verdichtet werden. In den Fallrohrkompressoren, über welche u. a. durch Bernstein[1]) im Jahr 1910 ausführlich berichtet worden ist, saugt das in einem Fallrohr niedersinkende Wasser nach kurzer Fallhöhe Luftblasen ein und gelangt in Mischung mit ihnen am Fuß des Fallrohrs in einen Behälter, wo sich Druckwasser und Druckluft voneinander trennen. Luft und Wasser erhalten gemeinsam im Fallrohr allmählich zunehmende Pressung, d. h. das Wasser überträgt seine Gefällsenergie ohne vorherige Umsetzung von Druck in Geschwindigkeit und ohne darauffolgende Rückumsetzung von Geschwindigkeit in Druck an die Luft; die Verdichtung der Luft erfolgt somit bei sehr günstigem Wirkungsgrad. Auch die Hebung von Wasser mit Hilfe von Druckluftblasen ist technisch längst verwirklicht, und zwar in der bekannten Mammut-Pumpe. Am Fuß eines Steigrohrs werden in einer bestimmten Tiefe unter dem Unterwasserspiegel Druckluftblasen eingemischt. Luft und Wasser steigen gemeinsam auf, verkleinern dabei gemeinsam ihre Pressung, und die Energieübertragung von seiten der Luft an das Wasser erfolgt wieder ohne vorherige Umsetzung von Druck in Geschwindigkeit.

Die Einfachheit solcher Verdichter und Pumpen legte den Gedanken nahe, das Fallrohr des Verdichters durch ein Schleuderrad zu ersetzen

---

[1]) Berichte der Abteilung für angewandte Mechanik. Internat. Kongreß für Bergbau, Hüttenwesen pp. Düsseldorf 1910. Selbstverlag des Ausschusses. Julius Springer.

und das Steigrohr der Mammut-Pumpe durch ein Turbinenrad, und die Einzelvorgänge der Verdichtung von Luft sowie der Entspannung von Verbrennungsgasen in einer aus Pumpe und Turbine bestehenden Gasblasen-Gleichdruckverbrennungsturbine durchzuführen: Eine derartige Maschine ist schematisch in der Abb. 1 dargestellt. In ihr Schleuderrad würden Luft und Wasser gemeinsam eingesaugt, und über

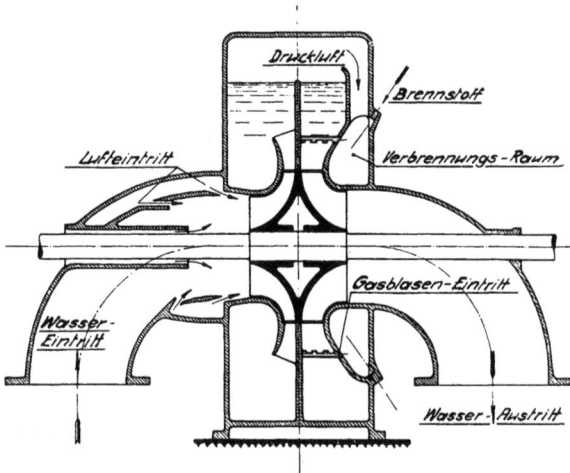

Abb. 1. Schema einer Gasblasenturbine. (Studie Stauber-Weißenberg.)[1] 1911.

den Diffusor der Schleuderpumpe würde das Luft-Wassergemisch unter gemeinsamer Pressungserhöhung in einen Windkessel gefördert, wo die Luft aus dem Wasser austreten könnte. Die Druckluft könnte dann in einen Verbrennungsraum gelangen, wo sie den dort zugeführten Brennstoff ohne Drucksteigerung zu verbrennen hätte, und die Verbrennungsgase würden anschließend von neuem in Blasenform in das geförderte Wasser eingemischt und im Turbinenteil der Maschine mit dem Wasser gemeinsam entspannt.

Die Läufer einer solchen Maschine wären vor jeder Überhitzung sicher, sie würden keine Schmierung beanspruchen, bewegte Steuerungen und Triebwerksteile wären überflüssig, das Ganze besäße eine geradezu ideale Einfachheit und Betriebssicherheit. Aber der Vermittler Wasser hätte dabei zu ungünstige Arbeitsbedingungen, denn

1. die Vorgänge in Pumpe und Turbine setzen eine dauernd gleichartige Einmischung der Luft- und Gasblasen über jeden einzelnen Strömungsquerschnitt voraus; eine solche ist aber in Krümmungen des Wasserwegs unmöglich. Luftsäcke auf der einen, Gasdurchbrüche auf der andern Maschinenseite wären unvermeidlich;

[1] »Nasse Gasturbinen.« Stahl und Eisen 1925, Nr. 48, S. 1937 ff.

2. zu einer bestimmten Gasarbeit gehört eine mehrfach größere Wasserarbeit, die dauernd durch Pumpe, Diffusor und Turbine kreist und dieser Kreislauf verursacht hohe Energieverluste im Diffusor der Pumpe. Angesichts des Mißverhältnisses zwischen der Umlaufarbeit des Vermittlers Wasser und der reinen Gasarbeit würden die Diffusorverluste allein schon hinreichen, um den mechanischen Wirkungsgrad der Gesamtmaschine auf den Nullwert herunterzudrücken.

Gasblasenmaschinen sind aus diesen Gründen als Brennkraftmaschinen unbrauchbar, der Vermittler Wasser verträgt keine Mischung mit Gasen. Wenn er dazu bestimmt wird, Gasdrücke aus Drehmomenten zu erzeugen und in Drehmomente zu verwandeln, dann muß die Verdichtungsarbeit für das Brenngemisch von den freien Spiegeln schwingender Wasserkolben abgenommen und die Expansionsarbeit der Treibgase über die gleichen freien Wasserspiegel zur Maschinenwelle geleitet werden.

III. Wasserkolben an liegenden Kurbelgetrieben.

Auch der Gedanke, Wasserkolben mit freien Spiegeln zu Vermittlern zwischen Gasarbeitsräumen und der Maschinenwelle zu machen, hat im Maschinenbau schon wiederholt eine Rolle gespielt. Man hat aber merkwürdigerweise das eigentliche Problem stets verkannt, seine hydraulische Seite ungenügend durchdacht und die Weiterarbeit nach den ersten Fehlkonstruktionen verärgert aufgegeben, anstatt einen Ausweg aus den unerwarteten Schwierigkeiten zu suchen, die das Wasser seiner Verwendung als Maschinenkolben in den Weg legt. Diese Schwierigkeiten bestehen keineswegs darin, daß die Arbeitsgase einer Brennkraftmaschine etwa mehr Wärme an die Wasserkolbenfläche abgeben und verlieren würden als dies in einer Maschine mit Metallkolben der Fall ist; das Gegenteil ist zu erwarten. Denn die Wärmeübertragung durch Berührung und Strahlung aus Feuergasen über dem freien Spiegel eines Wasserkörpers erfolgt von oben her, d. h. einer Weiterführung übertragener Wärme in das Innere des Wasserkolbens wirken nicht nur dessen geringe Leitfähigkeit entgegen, die nur ein Hundertel von derjenigen des Metallkolbens beträgt, sondern auch die Erscheinung, daß die von oben her erwärmten Wasserteilchen oben liegen bleiben müssen. Die unerwarteten Schwierigkeiten entstanden in einer ganz anderen Richtung.

Riedler[1]) hat über einen unbrauchbaren Vorläufer der heutigen Luftverdichter berichtet, über einen Wasserkolbenkompressor. In der Abb. 2 ist die zugehörige Zeichnung wiedergegeben. Die Maschine, die

[1]) A. Riedler, Schnellbetrieb, 1899: »Kompressoren«, S. 15 und 16.

zur Beschaffung von Druckluft diente, hatte einen schweren doppeltwirkenden Tauchkolben, der durch ein gewöhnliches liegendes Kurbelgetriebe zwischen zwei stehenden Zylindern hin- und herbewegt wurde, deren obere Enden von ebenen Ventildeckeln mit selbsttätigen Ein- und Auslaßventilen abgeschlossen waren. Die Räume zwischen den Ventildeckeln und den Metallkolbenflächen enthielten Wasserfüllungen, deren freie Spiegel am Ende des Ausschiebens der Druckluft fast völlig

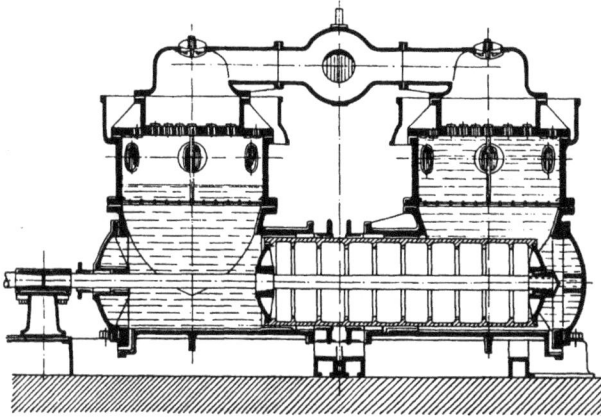

Abb. 2. Ursprüngliche Bauart des Wasserkolbenkompressors.

bis an die zugehörigen Ventildeckel heranrückten und im Betrieb auf- und abschwingend die Vermittlung zwischen dem Kurbeltriebwerk der Maschine und den Luftarbeitsräumen übernehmen sollten. Man versprach sich von diesen beiden Wasserkolben zunächst die Einsparung der Zylinderschmierung, d. h. die Gewinnung ölfreier Druckluft; weiterhin einen hohen volumetrischen Wirkungsgrad, deshalb, weil die schädlichen Räume fast entfielen; endlich einen denkbar niedrigen Energiebedarf der Maschine, deshalb, weil die Verdichtung in Gegenwart von Wasser erfolgte, das angeblich imstande sein sollte, die Verdichtungswärme im Augenblick ihres Entstehens aufzunehmen und abzuführen. Letzteres war natürlich ein Irrtum, den die abgenommenen Indikatordiagramme sogleich offenbarten. In der Abb. 3 sind diese Diagramme nach der Originalveröffentlichung wiedergegeben. Sie lassen erkennen, daß die Wärmeabgabe von seiten der Luft an die Wasserkolben über Spiegel und Zylinderwand sehr gering gewesen ist, denn die Verdichtungslinien sind von reinen Adiabaten

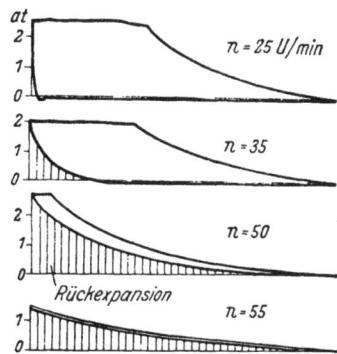

Abb. 3. Diagramme des Wasserkolbenkompressors nach Abb. 2.

nicht zu unterscheiden. Damit war nur eine physikalische Erkenntnis bestätigt, die man etwas vergessen hatte. Eine andere Betriebserscheinung
überraschte aber noch mehr, und das war eine eigenartige Abnahme der
Ansaugeleistung bei zunehmender Umlaufzahl des Kompressors und sein
völliges, von Schlägen begleitetes Versagen von einer bestimmten Umlaufzahl ab. Die Veränderung der Indikatordiagramme, die sich bei zunehmender Umlaufzahl des Kompressors zeigte, entspricht völlig dem Charakter
einer Leistungsregelung mit Hilfe veränderlicher schädlicher Räume, wie
sie bei großen Kolbengebläsen üblich ist, und in der Richtung einer un-
beabsichtigten Vergrößerung der schädlichen Räume des Kompressors
suchte man damals auch den Grund für sein allmähliches Versagen. Der
Hubbereich der Stirnflächen des Tauchkolbens lag völlig innerhalb der
beiderseitigen Zylinderräume; dies verschuldete nach damaliger Mei-
nung zusammen mit der Umlenkung der Wasserbewegung aus der horizontalen in die vertikale Richtung ein starkes Schwanken der Wasserspiegel und führte bei höheren Umlaufzahlen zur Mischung von Wasser
und Luft, aus der sich die Luftteilchen nicht mehr frei machten, so daß
zuletzt ein gewissermaßen elastisch gewordenes Wasser-Luft-Gemisch
durch den Tauchkolben abwechselnd gespannt und entspannt wurde,
ohne daß andere Luft durch die Ventile angesaugt werden konnte.

Das Eindringen der Luft in das Wasser hatte aber zweifellos einen
anderen, viel wichtigeren Grund, der selbst bei völliger Vermeidung
von Spiegelschwankungen für sich allein schon hinreicht, um den Betrieb unter den beobachteten Merkmalen einer »kritischen Umlaufzahl«
lahm zu legen. Ein in geschlossenem Gefäß mit einem Metallkolben
zusammenarbeitender Wasserkolben kann die ihm zugedachte Vermittlerrolle nur dann durchführen, wenn seine Teile den gegenseitigen Zusammenhang behalten können und er in seiner Gesamtheit in ständiger
Verbindung mit dem Metallkolben zu bleiben vermag. Das ist aber nicht
ohne weiteres der Fall; auch darf nicht von einem Luft- oder Gasdruck,
der auf einem Wasserspiegel lastet, erwartet werden, daß er allein den
Zusammenhang des Wasserkörpers zu gewährleisten vermöge, wie rasch
auch immer die Maschine laufen würde. Als ein Grundgesetz der Hydro-
statik ist bekannt, daß bei Wasser die kleinste Kraft zur gegenseitigen
Verschiebung seiner Teile genügt, und daß ein Wasserkörper nur unter
dem Einfluß der Erdbeschleunigung und der Massenanziehung zwischen
den ihn einschließenden ruhenden Wänden einen glatten Spiegel zu
bilden vermag. Das bedeutet für den vorliegenden Fall der Wasserkolbenmaschine, daß auch ein im geschlossenen ruhenden Zylinder von einem
Metallkolben getragener Wasserkörper seinen inneren Zusammenhang
und seinen glatten Spiegel in erster Linie der Erdbeschleunigung ver-
dankt, keinesfalls aber einem inneren Gasdruck. Die Erdbeschleunigung
wirkt in voller Größe nur dann auf den Wasserkörper, wenn der ihn
tragende Metallkolben ruht; wird dieser aber durch einen Kurbeltrieb

bewegt, so vermag er beim Aufwärtshub wohl den über ihm liegenden Wasserkörper zu beschleunigen, nicht aber zu verzögern. Das kann nur die der Hubbewegung entgegenwirkende Erdbeschleunigung. Nur wenn sie stets größer ist als die dem dauernden Kontakt mit dem Metallkolben entsprechende Wasserbeschleunigung, vermag der Wasserkörper auch die Verzögerung des Metallkolbens und dessen vorübergehenden Stillstand in der oberen Totlage mitzumachen; durch einen gewissen Überschuß an Erdbeschleunigung lastet dann der Wasserkörper als Ganzes und mit praktisch glattem Spiegel auf dem Metallkolben. Geht aber ein solcher Überschuß verloren, insbesondere in der oberen Totlage der Hubbewegung, wo die notwendige Verzögerung ihren Höchstwert erreicht, dann entfällt die unentbehrliche Voraussetzung für den Zusammenhang der Flüssigkeitsteile mit dem Metallkolben und untereinander. Die Wasserteilchen kommen dann nicht mehr gleichzeitig mit dem Metallkolben zum Stillstand, insbesondere nicht die Kernschichten des Wasserkörpers, die von der Wandreibung weniger gebremst werden als die Randschichten; ebensowenig vermögen sie dem zurückgehenden Metallkolben sogleich wieder zu folgen. Sie entfernen sich also während dessen Stillstand und Umkehr von ihm und können ihn erst später, unter Erdbeschleunigung nachsinkend, wieder einholen. Während sich aber der Wasserkörper vom Metallkolben getrennt und innerlich gewissermaßen aufgelockert hat, dringt in ihn vom Spiegel her Luft oder Gas in Blasenform ein. Die Luftblasen gelangen dabei so weit in den Bereich von aufgelockerten Wasserteilchen, daß sie sich nachher aus dem über ihnen zusammenstürzenden und sich schließenden Wasserkörper nicht wieder rechtzeitig frei zu machen vermögen. Weil sich die Auflockerung des Wasserkörpers nicht auf die Schichten in der Nähe des Spiegels beschränkt, weil für den zwischen ruhenden Wänden schwingenden Wasserkörper in allen seinen Teilen bis zum Metallkolben hin der Zwang zum Zusammenhang in gleicher Weise aufgehoben wird, weil auch die unteren Schichten unter keiner größeren als der Erdbeschleunigung Anschluß an den Metallkolben zu halten vermögen, so kann die vom Spiegel her eingedrungene und nicht wieder freigewordene Luft in den aufeinanderfolgenden Hüben allmählich den gesamten Wasserkörper durchsetzen. In kurzer Zeit wird der ganze Wasserkörper zu Gischt und Schaum, er »spritzt« und ist für die ihm zugedachte Vermittlerrolle völlig unbrauchbar geworden. Gas- oder Luftdrücke oberhalb des Wasserkörpers spielen dabei selbstverständlich keine Rolle, sie vermögen das Spritzen und Schäumen ebensowenig zu verhindern wie etwa ein auf den Wasserspiegel aufgelegter Schwimmer. Denn nach dem Gesetz von Pascal pflanzt sich ein auf den Wasserkörper wirkender Druck in unveränderter Größe nach allen Richtungen fort; er würde also den frei aufliegenden Schwimmer ebenso wie irgendein Einzelteilchen des Wasserkörpers von allen Seiten her gleichstark belasten, und der

Schwimmer würde gegebenenfalls dem Metallkolben genau so wenig zu folgen vermögen wie das Wasser, auf dem er schwimmt. Seine Wirkung würde sich darauf beschränken, auf der von ihm bedeckten Fläche das Eindringen von Luft in den Wasserkörper zu verhindern und im Ringspalt an der Gehäusewand zu erschweren. Aber für das Stillsetzen des Schwimmers am Ende der Hubbewegung und für seine eigene Umkehr stünde auch nur die Erdbeschleunigung zur Verfügung, genau so wie für den gesamten auf dem Metallkolben aufgebauten Wasserkörper.

Aus dieser Überlegung ergibt sich eine wichtige Erkenntnis; sie lautet: ... Wenn schwingende Wasserkolben mit freien Spiegeln als Vermittler zwischen Gasarbeitsräumen und der Maschinenwelle benützt werden sollen, so muß vor allen Dingen dafür gesorgt sein, daß die Bewegung der Wasserkörper dauernd spritzsicher erfolgt, denn nur der intakte Wasserkolben ist ein brauchbarer Vermittler.

Diese Erkenntnis gilt ganz allgemein. In einer Maschine mit ruhenden Wänden und einem gewöhnlichen Kurbeltrieb bestimmt der letztere die Beschleunigungsgrößen für den Metallkolben, und für den Kontakt zwischen diesem und dem auf ihm lastenden Wasserkörper steht nur die Erdbeschleunigung zur Verfügung. Für eine solche Maschine gibt es also eine Konstruktionsvorschrift zur Erzielung einer spritzsicheren Kolbenbewegung; sie lautet: ... Das Kurbelgetriebe, von welchem die Spiegelhübe abhängen, muß im Zusammenhang mit den übrigen Abmessungen der Maschine, von denen die Größe der Spiegelflächen in deren Hubbereich bestimmt werden, derartig bemessen sein, daß die Spiegelbeschleunigung B in der Höchstlage der Spiegelfläche mit einem hinreichenden Sicherheitsgrad σ kleiner ist als die entgegengesetzt gerichtete Erdbeschleunigung.

Hat eine solche Wasserkolbenmaschine den Kurbelradius R, die Stangenlänge L, die Metallkolbenfläche F_k, die Wasserfläche F_w in deren Höchstlage und eine minutliche Drehzahl n, so gilt also die Beziehung:

Höchstwert der Spiegelbeschleunigung . $B = R\,\omega^2 \cdot (1 \pm R/L) \cdot F_k/F_w$;

Erdbeschleunigung . . $g = \sigma \cdot B$;

Sicherheitsgrad . . . . $\sigma = \dfrac{g \cdot F_w}{R\,\omega^2 \cdot (1 \pm R/L) \cdot F_k} > 1$.

Bei Wasserkolbenmaschinen mit ruhenden Zylinderräumen, bei denen die Spiegelbewegung durch einen Kurbeltrieb unter der Gegenwirkung der Erdbeschleunigung erfolgt, kann also die Spritzsicherheit der Wasserkörper nicht eindeutig durch die Befolgung einer Konstruktionsvorschrift gewährleistet werden, denn diese Spritzsicherheit ist außer von Konstruktionsgrößen noch von der Drehzahl des Antriebs abhängig. Eine derartige Maschine kann bei bestimmten Abmessungen

nur bis zu einer bestimmten »kritischen Drehzahl« intakte Wasserkörper behalten und die zulässigen Drehzahlen werden durch ihre Abhängigkeit von der viel zu niedrigen Erdbeschleunigung auf unwirt-
schaftliche Werte heruntergedrückt. Eine Maschine, bei der die Spiegelfläche gleich der Metallkolbenfläche wäre, dürfte beispielsweise bei einem
Kolbenhub von 1 m die Umlaufzahl von 40 in der Minute nicht über-
steigen.

Diese Zusammenhänge erklären das unerwartete Verhalten des
von Riedler beschriebenen Wasserkolbenkompressors; sie waren damals nicht bekannt und sind auch heute noch manchen Fachgenossen
nicht geläufig. Deshalb wurden sie hier ausführlich behandelt. Man
hat damals gar nicht den Versuch unternommen, diesen Zusammenhängen nachzugehen und Schlüsse aus ihnen zu ziehen, sondern hat
die Idee der Wasserkolbenmaschine kurzerhand fallen lassen — wenigstens die des Wasserkolbenkompressors.

Dagegen wurde nach mehreren Jahren, um 1903, im Gasmaschinenbau der Versuch gemacht, Wasserkolben als Vermittler zwischen Brenn-
gase hohen Druckes und die Maschinenwelle einzuschalten. Die damals
übliche Bauart der gewöhnlichen Kolbengasmaschine hatte häufige
Brüche durch Wärmestau gezeigt, auch hatten die Dichtung und Schmierung der feuerberührten inneren Triebwerksteile erhebliche Schwierigkeiten bereitet. Man dachte deshalb an die Innenkühlung der Brennräume durch Wasserkolben und erwartete diesmal von ihnen eine Er-
höhung der Betriebssicherheit der Gasmaschine. Diese Erwartung war
an sich wohl berechtigt, denn Wasserkolben in den Gasarbeitsräumen
einer Brennkraftmaschine holen den größten Teil der in die Wände
übergegangenen Wärme direkt dort wieder zurück, wo sie eingetreten
war; sie vermeiden also im Hubbereich ihrer Spiegel den Wärmedurch-
gang von einer Seite der Zylinderwand zur anderen grundsätzlich und
damit auch die Gefahr des Wärmestaues in den Wänden; sie machen
überdies die kostspielige Schmierung im Feuerbereich ganz überflüssig,
schließen die Möglichkeit von Schmierfehlern aus und verlegen die
bewegten Abdichtungen der Gasarbeitsräume in das leichter zu be-
herrschende Wasser. Das Bestreben, durch die Benützung von Wasserkolben die Betriebssicherheit der Großgasmaschine zu verbessern, war
nicht nur damals verständlich und berechtigt; es ist auch heute noch
unbedingt richtig — nur muß es in einer zugleich wesentlich vereinfach-
ten und verbilligten Bauart der Gesamtmaschine zum Ausdruck kommen.

Das war allerdings in der ersten Wasserkolbengasmaschine von
Vogt[1]), die in den Abb. 4 und 5 dargestellt ist, noch nicht der Fall.
Ihr Aufbau ähnelte demjenigen des Wasserkolbenkompressors; nur
war aus dessen Tauchkolben ein Scheibenkolben geworden, der deshalb

---

[1]) DRP. 137832.

geringere Spiegelschwankungen als jener erwarten ließ, weil sein Hubbereich außerhalb der stehenden Arbeitszylinder angeordnet war. Die
Maschine sollte im Zweitakt arbeiten, wozu viele Ventile und Antriebs-
teile vorgesehen waren. Die Arbeitszylinder waren verhältnismäßig
einfache Gußstücke ohne Kühlmäntel und erhielten eine Verjüngung
nach oben. Das Triebwerk bestand wie beim Kompressor aus dem gewöhnlichen Schubkurbelgetriebe.

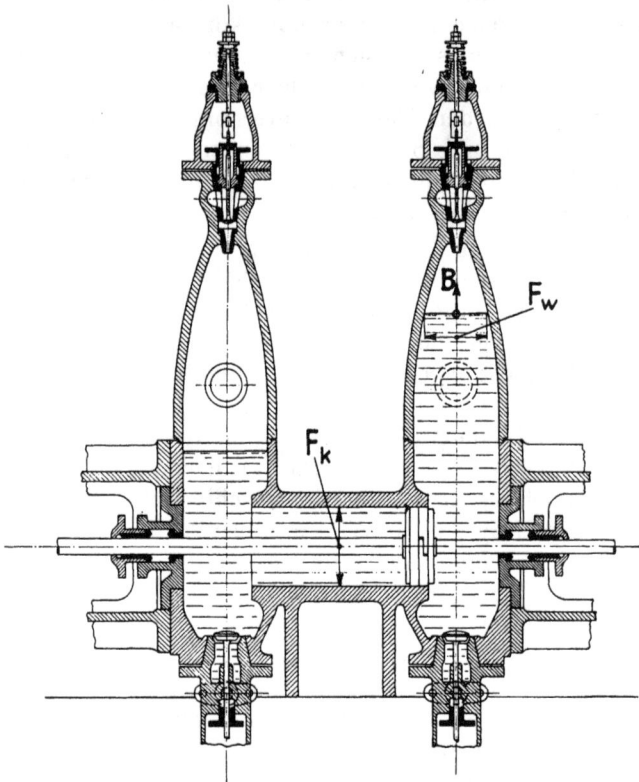

Abb. 4. Wasserkolbengasmaschine von Vogt.

Vogt hat den in Riedlers »Schnellbetrieb« beschriebenen Wasserkolbenkompressor zweifellos gekannt; daß er trotzdem seine Gasmaschine
an diesen angelehnt hat, beweist, daß er dessen Betriebsergebnisse
nicht richtig zu deuten vermochte. Er hat seinen in- und ausländischen
Lizenznehmern die Überzeugung vorgetragen, daß die Wasserkolben
seiner Gasmaschine durch die hohen auf ihnen lastenden Gasdrücke
auch bei beliebig hohen Umlaufzahlen in sich geschlossen und als Ganzes
stets an die Metallkolbenflächen des Kurbeltriebs angepreßt bleiben
würden, daß also die neue Maschine sogar ein Schnelläufer werden könne.

Eine Begrenzung der zulässigen Spiegelbeschleunigung durch die Erdbeschleunigung war ihm völlig unbekannt und deshalb war ihm auch die
Deutung der sonderbaren Betriebserscheinung nicht möglich, daß nämlich bei einer bestimmten Umlaufzahl seiner Maschine, die wesentlich
unter der beabsichtigten
lag, die Wasserspiegel an-
fingen zu tanzen, Gase aufzunehmen und wieder ab-
zugeben, daß die Verbren-
nungen immer schlechter
wurden, und daß zum
Schluß die naßgewordenen
Zündkerzen versagten.

Nur ein einziger der
Vogtschen Mitarbeiter hat
die Bedingungen für den
spritzfreien Hub von Was-
serkolben innerhalb von
ruhenden Zylinderwänden
damals schon erkannt, aber
leider damals noch nicht
öffentlich ausgesprochen.
Erst in einer Zuschrift zu
einer Veröffentlichung des
Verfassers in der Z. d. V. d. I.
hat Prosper L'Orange[1]),
der damalige Konstruk-
teur der Gasmotorenfabrik
Deutz, über seine Arbeiten
berichtet; dieser Bericht
bildet eine so wertvolle Bestätigung für die Richtigkeit der Anschauungen des
Verfassers, daß er hier un-
gekürzt aufgenommen wer-
den soll. Er lautete:

Abb. 5. Wasserkolbengasmaschine von Vogt.

»Als ich Anfang 1903 von der G. F. D. engagiert wurde, um dort
die Wassersäulenmaschine zu konstruieren, waren die Vorarbeiten bereits
weit gediehen; für die Wassersäule waren ca. 3 m angenommen, wo-
mit eine Spielzahl von ca. 300 bis 400 pro min erreichbar sein konnte.
Nicht nur Herrn Adolf Vogt, sondern niemandem der Beteiligten in den
drei Firmen war damals das von Herrn Stauber erwähnte Gesetz über

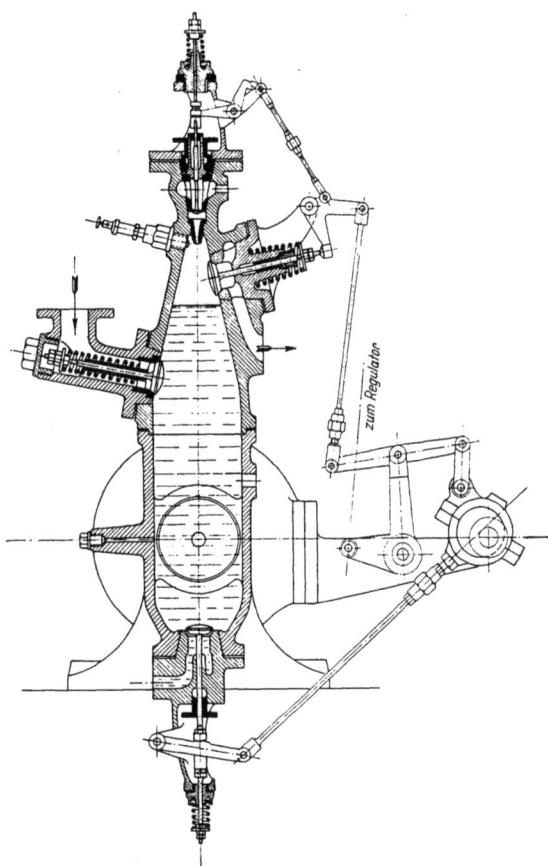

---

[1]) Z. d. V. d. I. 1933, S. 798.

die Abhängigkeit der Erhaltung des Wasserspiegels von der ihn bildenden Beschleunigungsgröße bekannt, und als ich kurz nach meinem Eintritt dieses Gesetz aussprach und erklärte, daß die hohen, bei den bisherigen Projekten sich ergebenden Beschleunigungen und Verzögerungen nicht möglich wären, weil der Wasserspiegel, sobald diese Größen den Wert von $g = 9,81$ m/s² überschritten, verschwinden würde, mußte ich diese Behauptung beweisen.«

»Ich tat dies durch folgenden Versuch: Eine oben geschlossene Glasröhre, in welcher am oberen Ende zwei Platinelektroden angeschmolzen waren, wurde zunächst mit Wasser gefüllt und erhielt dann oben eine kleine Ladung Knallgas. Meine Behauptung ging nun dahin, daß der Wasserspiegel nur bei einer Verlängerung der Wassersäule durch einen Schlauch und bei Drosselung erhalten bleiben würde, wenn die Explosion stattfand, daß aber ohne diese Verlängerung und ohne eine Drosselung die Wassersäule von dem Explosionsdruck nur wenig beschleunigt werden würde, sondern daß dann die Explosion durch das Wasser hindurchschlagen würde, so daß die Gasblasen unten in einem aufgestellten Eimer auftreten würden, und zwar deshalb, weil die Beschleunigung der kurzen Säule über 9,81 m betragen und daher der Auftrieb sich umkehren würde. Das in Gegenwart der Beteiligten ausgeführte Experiment verlief genau so; bei der kurzen Wassersäule zeigte sich im Augenblick der Explosion ein tief in das Wasser eindringender Trichter und die Gasblasen schlugen sogar unten durch, während das Wasser oben stehen blieb.«

»Das Experiment hatte aber deswegen noch nicht endgültig überzeugt, weil dadurch die genaue Begrenzung der möglichen Beschleunigung entsprechend der Erdbeschleunigung nicht bewiesen war. Ich schlug daher ein zweites vor und führte dasselbe aus. An den Zylinder einer alten liegenden Gasmaschine von 185 mm Durchmesser wurde, nachdem der Deckel entfernt war, ein Krümmer von gleichem Durchmesser angeflanscht, auf diesen ein Stück gerades Rohr und darauf ein Zylinder aus Drahtglas, der mit einem Deckel versehen war. Zylinder und Rohre wurden dann mit Wasser gefüllt, so daß der Wasserspiegel bei Hubmitte etwa in der Mitte des Glaszylinders sichtbar war. Auf den Wasserspiegel konnte ein Luftdruck bis 8 at gesetzt werden.«

»Die zu beweisende Behauptung war wie folgt formuliert: Wenn die Maschine gedreht wird, so wird sich der Spiegel auf- und abbewegen, und zwar bis zu einer bestimmten Tourenzahl, bei welcher die Spiegelbeschleunigung gerade 9,81 m beträgt. Die Berechnung derselben ergab eine Tourenzahl von 88 min als kritische Tourenzahl. Wenn diese überschritten würde, so würde der Wasserspiegel in die Höhe spritzen, die Luft in das Wasser eindringen und bald ein homogenes Wasser-Luft-Gemisch entstehen, auch wenn ein beliebiger Luftdruck auf dem Spiegel lastete. Der Versuchsapparat wurde fertiggemacht und der Versuch unter großer Spannung der Anwesenden, insbesondere des Erfinders, des Herrn Vogt, ausgeführt. Der antreibende Elektromotor wurde langsam bis auf 88 Touren heraufreguliert, und solange wurde auch der ebene, auf- und abschwankende Wasserspiegel beobachtet. Bei Überschreitung dieser Tourenzahl jedoch um wenige Touren zeigte sich eine Spitze auf dem Wasserspiegel, die Luftblasen gingen nach unten und nach kurzer Zeit waren Luft und Wasser homogen gemischt. Auf Wunsch des Erfinders wurde der Versuch mit Öl auf dem Wasserspiegel, dann mit einem Schwimmer wiederholt, ohne ein wesentlich anderes Resultat.«

Damit war selbstverständlich das Ende der Vogtschen Wasserkolbengasmaschine besiegelt. Durch das bloße Hinzufügen von Wasserkolben zu einer liegenden Maschine mit Kurbeltrieb wird die Gasmaschine nicht einfacher und billiger, sondern noch schwerfälliger und teurer als vorher, denn wenn sie spritzsicher arbeiten soll, verträgt sie nicht einmal die Umlaufzahlen der gewöhnlichen Gasmaschine. Die Sicherung gegen Wärmebrüche und Schmierfehler wäre in dieser Bauart zu teuer erkauft. Man hatte also etwa das folgende erkannt: ... Wenn eine Wasserkolbenmaschine geeignet sein soll, die gewöhnliche Bauart der Gasmaschine durch eine zugleich betriebssicherere und billigere Form abzulösen, dann muß sie nicht nur völlig spritzsicher sein, sondern auch das übliche liegende Schubkurbelgetriebe vermeiden; denn dessen Umweg im Kräfteschluß verursacht schon in der gewöhnlichen Bauart das bekannte Mißverhältnis zwischen Wellenleistung und Materialaufwand und würde in Verbindung mit Wasserkolben dieses Mißverhältnis unerträglich verstärken. Mit einer solchen Erkenntnis vermochte man jedoch damals noch nichts anzufangen; man hat deshalb wie früher den Wasserkolbenkompressor auch die ihm nachgeahmte Gasmaschine sofort völlig aufgegeben. Die Öffentlichkeit erfuhr leider fast nichts über die Vogtsche Wasserkolbengasmaschine, keinesfalls den wahren Grund ihres Mißerfolgs, und so konnte das wenige, das über diesen zweiten Versuch, Wasser als Maschinenkolben zu verwenden, bekannt wurde, nur abschreckend wirken.

IV. Wasserkolben in ruhenden Pendelrohren.

In der vorerwähnten Erkenntnis, daß eine Wasserkolbengasmaschine kein liegendes Kurbelgetriebe verwenden dürfe, ist keineswegs Unmögliches verlangt. Das empfand wohl auch der frühere Experte der englischen Vogt-Gesellschaft, Professor Humphrey[1]); aber auch er fand noch nicht den richtigen Weg. Er schlug etwa so, wie es in der Abb. 6

[1]) Siehe auch Stahl und Eisen 1925, Nr. 48, S. 1943/44.

2*

zu erkennen ist, eine Kombination seiner bekannten Gaspumpe mit
einer gewöhnlichen Wasserturbine vor. Die Gasarbeit sollte dabei
zunächst durch Druckwirkung auf einen triebwerkslosen, freischwingenden Wasserkolben übertragen werden und von diesem über einen Windkessel auf die Schaufelung einer Wasserturbine beliebigen Systems.
Der Windkessel wird in dieser Anordnung deshalb nötig, weil die Gas-

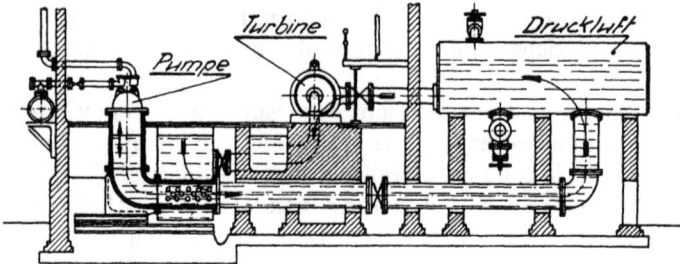

Abb. 6. Humphrey-Gasmaschinenanlage.

pumpe nur ruckweise fördert, die Turbine jedoch nur bei ständiger
Strömung mit unveränderlichen Geschwindigkeiten ihre bekannten günstigen Wirkungsgrade zu erzielen vermag. Eine derartige Kombination
kann man zur Not noch als eine Wasserkolben-Gasmaschinenanlage an-
sprechen; sie enthält aber trotz der Vermeidung des liegenden Schub-
kurbelgetriebes einen noch viel größeren Kräfteumweg zwischen Brennraum und Welle als die Vogt-Maschine, und wenn sie völlig spritzsicher
arbeiten soll, dann führt sie zu einer noch tieferen Senkung der minutlichen Arbeitsspiele als jene und zu einem noch schlimmeren Mißverhältnis zwischen Wellenleistung, Materialaufwand und Anlagekosten. Das
bedarf eines Beweises, vor allen Dingen deshalb, weil ähnliche Vorschläge
gelegentlich wieder auftauchen und öffentliche Mittel in Anspruch nehmen
können; dieser Beweis wird nachfolgend erbracht.

In einer Humphrey-Gaspumpe schwingt zwar der vermittelnde
Wasserkolben frei aus dem Brennraum aus und unter Druckwirkung des
am Ende einer U-förmigen Rohrleitung befindlichen Windkessels auch
wieder frei in den Brennraum zurück, ohne jeden Zusammenhang mit
einem metallischen Triebwerk, an das er angeschlossen bleiben müßte.
Dadurch wird aber das Problem der Verwendung von Wasserkolben in
ruhenden Brennräumen nicht erleichtert. Denn beim freien Einschwingen
des Wasserkörpers in den Brennraum türmen sich vor seinem Spiegel
zunehmende Verdichtungsdrücke und dann ganz plötzlich der Verpuffungsdruck auf. Diese Gasdrücke vermögen wohl die Gesamtmasse
des intakten Wasserkolbens zu bremsen und zur Umkehr zu zwingen,
sie können aber nicht zugleich den Zusammenhang der Wasserteile, beispielsweise des Spiegels gegenüber den ihm benachbarten Schichten

gewährleisten. Das kann wiederum nur ein hinreichender Überschuß der Erdbeschleunigung über die von den Gasdrücken bewirkte Verzögerung oder Beschleunigung der Gesamtmasse des Wasserkörpers. Wenn aber diese dem Gesamtkörper aufgezwungene Verzögerung oder Beschleunigung die Erdbeschleunigung übersteigt, gegen welche sich hier wie bei der Vogt-Maschine der Spiegelhub abspielt, dann entsteht wieder wie dort die Möglichkeit der Auflösung des Wasserkolbens, die Weiterbewegung und das Zurückbleiben einzelner Teile in der Höchstlage des Spiegels und das Eindringen der Gase in das Wasser. Wenn sich derartige Erscheinungen bei freischwingenden Wasserkolben gezeigt haben, so sind sie keine unvermeidliche Folge der Explosion über dem Wasser, es ist nicht so, »als ob man mit einem Brett auf das Wasser schlagen würde«, wie sich ein nicht unbedeutender Fachmann gelegentlich darüber geäußert hat; diese Erscheinungen sind vermeidbar, sobald die Gesamtmasse des Wasserkolbens gegenüber den auftretenden Höchstdrücken derartig bemessen wird, daß die letzteren dem Wasserkörper keine größeren Verzögerungen oder Beschleunigungen aufzwingen können als die entgegengesetzt gerichtete Erdbeschleunigung. Dazu sind allerdings unerträglich große Rohrlängen erforderlich.

An der Entwicklung der Humphrey-Gaspumpe, insbesondere der im Zweitakt arbeitenden, waren die Siemens-Schuckert-Werke maßgebend beteiligt; einer Arbeit ihres damaligen Konstrukteurs Köhler[1]) ist mit unwesentlichen Änderungen die Abb. 7 entnommen, die eine solche Zweitaktpumpe schematisch darstellt. Ihr Gasarbeitsraum ist in einen offenen Ansaugbehälter eingebettet, aus welchem das Wasser durch Rückschlagklappen in das Förderrohr eintreten kann. Die Klappen sind

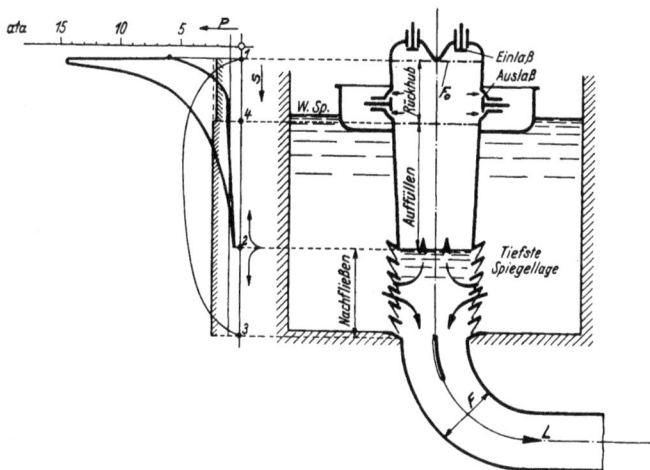

Abb. 7. Schema und Diagramm einer Humphrey-Zweitakt-Gaspumpe.

[1]) F. Köhler, Dissertation Charlottenburg 1923.

ganz nahe an den Hubbereich des Wasserspiegels herangerückt, dessen Grenzlagen in der Abbildung angegeben sind, und zwar im Zusammenhang mit einem P-S-Diagramm, aus welchem der Verlauf der Gasdrücke zu entnehmen ist. Nach Köhler spielt sich in dieser Pumpe folgender Vorgang ab:

»Bei der Höchstlage des Wasserspiegels befindet sich im Gaszylinderkopf eingeschlossen ein verdichtetes Gasgemisch, das durch eine geeignete Zündvorrichtung zur Explosion gebracht wird. Die das ganze Pumpenrohr ausfüllende Wassersäule wird hierdurch in Bewegung gesetzt und in Richtung nach der oberen Wasserhaltung fortgeschleudert. Die Wassersäule wirkt hierbei als Schwungmasse und gibt solange Wasser in die obere Wasserhaltung ab, bis ihre kinetische Energie durch die Förderarbeit aufgezehrt ist. Inzwischen ist aber im Gaszylinder, längst vor beendetem Hingang, der Expansionsdruck bis auf den Atmosphärendruck gefallen, und der Wasserspiegel so tief unter den Unterwasserspiegel gesunken, daß Frischwasser durch die ringförmig angeordneten Wassereinlaßventile in das Pumpenrohr nachströmen kann. Die Wassereinströmung geht so kräftig vor sich, daß das Frischwasser nicht allein der fortgeschleuderten Wassersäule folgen, sondern auch den Gaszylinder teilweise wieder auffüllen kann. Ist der Hingang der Wassersäule beendet, so ist der Wasserspiegel im Gaszylinder auf eine Höhe gestiegen, die in der Abbildung gekennzeichnet ist. Während der Wassereinströmung aus dem Unterwasserbehälter kann nun gleichzeitig das verbrannte Gas aus dem Gaszylinder ausgetrieben und ein frisches Gasgemisch eingeblasen werden. Die Gasauslaßventile sind rings um den Gaszylinder herum in einer größeren Anzahl und auf gleicher Höhe so angeordnet, daß sie sich unter Federdruck nach dem Zylinderinnern zu öffnen, sobald der Expansionsdruck etwa bis auf den Atmosphärendruck gesunken ist. Etwa zu derselben Zeit werden auch die im Zylinderdeckel angeordneten Einlaßventile durch geeignete Vorkehrungen geöffnet. Bei offenen Ein- und Auslaßventilen wird nun von oben her zuerst Spülluft und dann frisches Gemisch durch Hilfsmaschinen eingeblasen, während wie vorher beschrieben, der Wasserspiegel im Gaszylinder infolge der Wassereinströmung aus dem Unterwasserbehälter ansteigt. Dabei entweichen die verbrannten Gase ins Freie. Bei Umkehr der Wassersäule im Förderrohr steht der Wasserspiegel im Gaszylinder etwas unterhalb der Auslaßventile. Diese sind so gebaut, daß sie sicher geschlossen werden, wenn der Wasserspiegel in seiner weiteren Aufwärtsbewegung bis an ihre Ventilteller herangekommen ist. Mit ihnen zugleich schließen sich auch die Einlaßventile. Die nun im Gaszylinder eingeschlossene frische Gemischladung wird durch die einschwingende Wassersäule verdichtet und ein neues Arbeitsspiel beginnt.« Soweit der Konstrukteur dieser Pumpe.

Effektiv gefördert wird bei dem Zweitaktvorgang der Humphrey-

Pumpe jene Wassermenge, welche während des gesamten Ausschwingens der Wassersäule in die obere Wasserhaltung austritt (Strecke 1 bis 3 im Diagramm), vermindert um jene Teilmenge, welche während des Rückhubs aus dem Hochbehälter in das Förderrohr zurücktritt (Strecke 4 bis 1 im Diagramm). Unter Zugrundelegung eines P-V-Diagramms ergeben sich durch eine einfache Rechnung die Abmessungen der Pumpe und ihre minutliche Spielzahl, sobald der gewünschte Grad der Spritzsicherheit festgelegt ist. Gerade in dieser Beziehung gehen allerdings die Literaturangaben stark auseinander, und zwar im Zusammenhang mit einer sehr wenig einheitlichen Deutung der Erscheinung des Spritzens an sich und der Mittel zu deren Bekämpfung.

Schon aus dem Jahr 1913 liegt die Beschreibung einer Humphrey-Pumpe vor; Noack[1]) hat damals die Bedingungen für die Spritzsicherheit ihres Wasserkörpers in folgender Weise geschildert: ... »Im Augenblick der Verpuffung, wo die Drücke und damit die Beschleunigungen ihren Höchstwert haben, ist die Geschwindigkeit der Masse fast null. Die Möglichkeit einer Benetzung des Gases durch Spritzer ist daher zunächst gering. Im Lauf der Expansion nimmt aber die Geschwindigkeit zu und der Spiegel der Wassersäule wird möglicherweise gezwungen, rascher nach abwärts zu sinken, als er es unter dem Einfluß der Schwerkraft allein tun würde. In diesem Fall ist die Möglichkeit gegeben, daß Wasserteile in das Innere der Gasmasse gelangen und die Expansion vorzeitig beendigen... Es muß also getrachtet werden, den Zylinderdurchmesser und die Wassergeschwindigkeit im Zylinder so einzurichten, daß der Wasserspiegel nicht früher in seiner tiefsten Lage anlangt als bei dem freien Fall.«

Die Einhaltung dieser Konstruktionsvorschrift genügt aber keineswegs zur Erzielung eines intakten Wasserkörpers; sie kann auch bei einem solchen erfüllt sein, der sich bei Beginn der Senkbewegung auflöst und sich erst in der Tiefstlage der Gesamtmasse wieder schließt. Man braucht sich, um darüber Klarheit zu gewinnen, nur zunächst einmal vorzustellen, daß ein Wasserkörper auf einem Metallkolben aufliege, der von einem Kurbeltrieb bewegt, eine

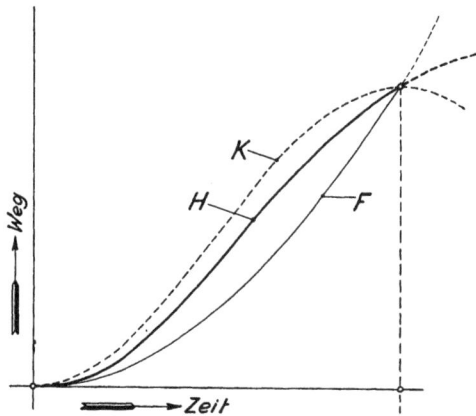

Abb. 8. Zeit-Weg-Linien für Kurbeltrieb, freien Fall und freischwingenden Wasserkolben.

[1]) »Die Humphrey-Pumpe«. Z. d. V. d. I. 1913, S. 885 ff. 942 ff.

Senkbewegung von beispielsweise 1 m Hub ausführe. In der Abb. 8 ist ein Zeit-Weg-Diagramm dargestellt. In ihm ist K die Weglinie für den vom Kurbeltrieb bewegten Metallkolben, sowie für den Spiegel des daraufliegenden Wasserkörpers und F ist die Weglinie für den freien Fall des Wasserspiegels. Beide Weglinien endigen nach gleicher Zeit mit dem gleichen erreichten Hub; aber der Kurbeltrieb führt mit der Endgeschwindigkeit null ins Ziel, während der freie Fall die Höchstgeschwindigkeit entstehen ließ. Die Fallzeit beträgt bei einem Hub von 1 m etwa 0,45 s. Ein Kurbeltrieb müßte für die gleiche Hubzeit eine mittlere Kolbengeschwindigkeit von 2,22 m/s entwickeln; das könnte er aber nur mit etwa 66,6 Umläufen in der Minute und dazu würde eine anfängliche Beschleunigung des Metallkolbens von 24 m/s² gehören. Der auf seinem Rücken liegende Wasserkörper, dem für den freien Fall nur die Erdbeschleunigung von 9,81 m/s² zur Verfügung steht, würde sich somit unbedingt beim Beginn der Senkbewegung von Metallkolben trennen, er würde »spritzen« und trotzdem würden seine Einzelteile gleichzeitig mit dem Metallkolben in der unteren Hublage ankommen. Für den Spiegel einer Humphrey-Pumpe, der den Hub von 1 m nicht schneller zurücklegen soll als ein freifallendes Wasserteilchen, erhält die Weglinie den Charakter der Kurve H; aus ihr geht hervor, daß auch die Spiegelbewegung der Humphrey-Pumpe mit größerer Beschleunigung beginnen müßte als der freie Fall. Die Befolgung der Noackschen Anweisung würde also dazu führen, daß der Wasserkörper im Expansionshub spritzt, und zwar derartig, daß die aufgelockerten Wasserteile den ganzen Hub hindurch keine Möglichkeit erhalten, sich wieder zu schließen.

Köhler gibt eine andere Darstellung der zum Spritzen eines freischwingenden Wasserkolbens führenden Vorgänge und eine andere Anleitung zu ihrer Verhütung; aber auch diese Anleitung liefert keine Pumpe, deren Wasserkörper gegen innere Auflösung und gegen das Eindringen von Gasblasen in das Wasser völlig gesichert ist. Er führt nämlich aus: ... »Beim Abwärtsgang des Wasserspiegels, wo anfangs starke Beschleunigungskräfte auf die Wassersäule wirken, können Wasserteilchen hinter dem Wasserspiegel zurückbleiben. Die Beschleunigungskräfte nehmen aber sehr schnell ab, so daß die zurückgebliebenen Wasserteilchen den Wasserspiegel bald wieder einholen, ohne Zeit gefunden zu haben, während der Gasexpansion nennenswerte Wärmemengen zu entziehen. Auf die Verbrennung selbst können sie jedenfalls keinen Einfluß mehr ausüben. Ganz anders und wesentlich ungünstiger liegen die Verhältnisse beim Aufwärtsgang, denn die beim Aufwärtsgang sich ablösenden Wasserteilchen werden durch den Kompressionsraum hindurch an den Zylinderdeckel geschleudert, bleiben teils an dessen innerer Wandung hängen, teils tropfen sie von dort wieder ab und fallen durch den ganzen Arbeitsraum hindurch. Hierin liegt eine große Gefahr sowohl für die Betriebssicherheit der Pumpe, da die Zündung versagen kann, als auch für die Wirtschaftlichkeit der Verbrennung, da die überall im Arbeitsraum befindlichen Wasserteilchen zuviel Wärme entziehen würden. Nach dieser Überlegung wird es als ausreichend erachtet, wenn die Erweiterung des Gaszylinders so berechnet wird, daß beim Aufwärtsgang keine Wasserspritzer auftreten.«

Bei dieser Anleitung wird die Tatsache verkannt, daß eine Humphrey-Pumpe weniger durch zurückbleibende Wasserteilchen Wärmeverluste erleiden kann, als vielmehr durch das Eindringen von Gasblasen geringer Größe in den Wasserkörper, d. h. durch jene Erscheinung, die L'Orange eine »Umkehrung des Auftriebs« genannt hat. Ein solches Eindringen wäre unvermeidlich bei einem Wasserkörper, dessen Spritzsicherheit nur dem Verdichtungsenddruck entspräche, nicht aber der stoßartig nachfolgenden Drucksteigerung bei der Verpuffung des Gemisches. Sogleich mit der weiteren Drucksteigerung im Gasraum würden unverbrannte neben bereits verbrannten Gemischteilen beginnen unterzutauchen; die letzteren würden bis zum Wiederauftauchen Wärme an das Wasser abgeben, die ersteren nach dem Austritt aus dem Wasser vielleicht in ˙so stark abgekühlte Feuergase geraten, daß sie selbst nicht mehr verbrennen können. Eine solche Pumpe müßte unbedingt während der Verpuffung größere Verluste an Wärme bzw. an Gas erleiden als eine solche, deren Spritzsicherheit auch bei den höchsten Verpuffungsdrücken bestehen bleibt.

In welcher Größenordnung Wärmeverluste durch Wassertropfen entstehen, die kurze Zeit hindurch von Feuergasen umgeben sind, und Wärmeverluste durch Gasblasen, die kurze Zeit in Wasser untertauchen, läßt sich noch nicht zahlenmäßig angeben; die erforderlichen Forschungsarbeiten müssen erst noch durchgeführt werden. Doch wird sich gefühlsmäßig voraussagen lassen, daß sich losgelöste große Wassertropfen in der Umhüllung durch Feuergase ähnlich verhalten werden wie der bekannte Leidenfrostsche Tropfen über einer glühenden Platte. Die durch Berührung und Strahlung an die Außenfläche des Wassertropfens gelangte Gaswärme vermag wegen dessen geringer Leitfähigkeit nur sehr wenig in die Tiefe zu wirken. Ein plötzlich auftretender Wärmestoß auf die Oberfläche des Wassertropfens wird also zu einem Wärmestau führen, der die Bildung eines schützenden Dampffilms verursacht, nicht aber erhebliche Wassermengen zu verdampfen vermag. Nur feinzerstäubter Wassernebel, dessen Einzelteilchen sehr dünn sind, wird imstande sein, in kurzer Zeit völlig zu verdampfen und dadurch große Wärmemengen zu binden; zu einer solchen Zerstäubung des Wasserspiegels kann es jedoch beim bloßen Aufhören der Spritzsicherheit kaum kommen. Größere Verluste an fühlbarer Wärme und durch unverbranntes Gas werden dann zu erwarten sein, wenn Gasblasen in den Wasserkörper untertauchen. Es ist sehr wahrscheinlich, daß solche Einzelblasen von Feuergasen so klein sind, daß sie auch in kurzer Zeit unter Wasser stark ab-

gekühlt werden können. Von ihnen dürften also größere Verluste ausgehen als von zurückbleibenden großen Wassertropfen.

Soll die Wärmewirtschaftlichkeit einer Wasserkolbengasmaschine
nicht hinter derjenigen einer gewöhnlichen Kolbenmaschine zurück-
stehen, dann muß ihr Wasserkolben völlige Sicherheit gegen
die Begleiterscheinung des Spritzens, gegen das Eindringen
von Gasblasen gewährleisten. Die vorerwähnten Humphrey-
Pumpen haben diese völlige Sicherheit nicht besesssn und anscheinend
auch nicht angestrebt, und das darf wohl darauf zurückgeführt werden,
daß sie sonst viel zu teuer geworden wären; man hat ein Kompromiß
geschlossen zwischen Wärmewirtschaftlichkeit und Anlagekosten. Ohne
dieses Kompromiß hätte es die Humphrey-Pumpe vermutlich nicht
einmal zu den wenigen Ausführungen gebracht, die in der Literatur erwähnt sind. Das geht aus dem nachfolgenden Rechnungsbeispiel hervor.

In der Abb. 9, einem Druck-Volumendiagramm, ist der Kräftever-
lauf beim Abwärtshub einer Zweitaktpumpe dargestellt; dieser Abbildung

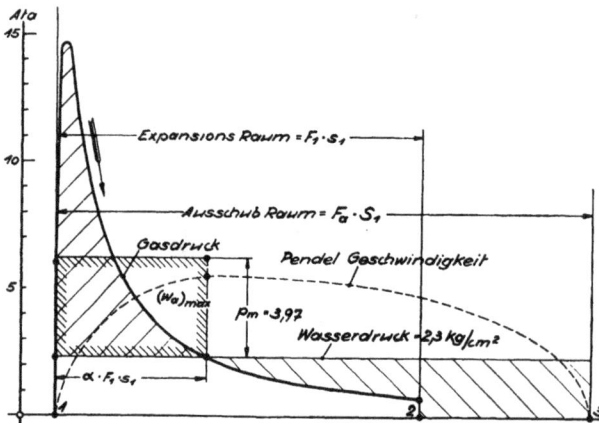

Abb. 9. P-V-Diagramm für den Abwärtshub einer Zweitaktpumpe.

ist ein von Köhler veröffentlichtes Indikatordiagramm zugrunde gelegt.
Zwischen den Linien der Gasdrücke und der Wasserwiderstände liegen
Arbeitsflächen von gleicher Größe. Zum Linienschnittpunkt gehört der
Nullwert der Beschleunigungsdrücke und zugleich der Höchstwert der
Pendelgeschwindigkeit, deren Größen in einem besonderen Linienzug angegeben sind; er beginnt und endigt mit Nullwerten. Der höchste Beschleunigungsdruck auf die freie Masse des intakten Wasserkörpers und
damit zugleich dessen Höchstbeschleunigung liegen kurz hinter der Rück-
kehr aus dem Stillstand, der durch die Verdichtungswiderstände erzwungen worden war. Unter der zulässigen Annahme, daß die Wassermasse beim Ausschwingen nach unten als konstant betrachtet werden darf,
gibt der Verlauf der Beschleunigungsdrücke zugleich den Verlauf der Be-

schleunigungen selbst. Die Querschnitte des Wasserrohrs sind nicht überall die gleichen, sondern sie besitzen innerhalb der gesamten Rohrlänge eine Verjüngung zwischen beiderseitigen Erweiterungen. In der Abb. 10 ist ein Verlauf der Quer-
schnitte F über der Rohrlänge L beispielsweise angedeutet, zwischen einer höchsten Spiegel-
fläche F_0 und der Austrittsfläche F_a am Ende des Steigrohrs. Für die Berechnung der Pumpe ist es zweckmäßig, einen Rechnungs-
wert F_a/F zu bilden; sein Mittel-
wert $(F_a/F)_m$ gilt für die Gesamtlänge L als »Querschnittsfaktor«,
der graphisch bestimmt werden kann.

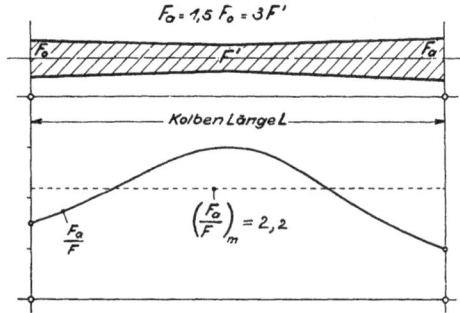

Abb. 10.   Querschnittsverlauf des Rohres einer Humphrey-Pumpe.

Für die nachfolgende Berechnung des freischwingenden Wasserkolbens einer Humphrey-Pumpe[1]) gelten die Bezeichnungen in m, kg und s:

L ... gesamte Länge des Wasserkörpers,
F ... beliebige Querschnittsfläche des Rohrs,
b .... veränderliche Beschleunigung in ihr,
P ... höchster Beschleunigungsdruck auf den Kolben,
σ .... Sicherheitsgrad gegen das Spritzen,
b_0 ... Höchstbeschleunigung in der Spiegelfläche,
F_0 ... Spiegelfläche in der Höchstlage,
F_1 ... mittlere Spiegelfläche während der Expansion,
s_1.... Expansionshub,
F_a .. Austrittsquerschnitt des Förderrohrs,
S_1 ... Wasserhub im Austrittsquerschnitt beim Ausschub,
w_a .. veränderliche Wassergeschwindigkeit im Ausschubhub in F_a,
p_m ... mittlerer Beschleunigungsdruck während der Expansion,
x ... Raumanteil der Beschleunigung während der Expansion,
F_2 ... mittlere Spiegelfläche beim Zurückschwingen,
s_2.... Spiegelhub beim Zurückschwingen,
S_2 ... Wasserhub im Austrittsquerschnitt beim Zurückschwingen,
$(w_a)'$. veränderliche Wassergeschwindigkeit beim Rückhub in F_a,
$(p_m)'$. mittlerer Beschleunigungsdruck beim Rückhub,
x' ... Raumanteil der Beschleunigung beim Rückhub,
t_a ... Zeit für das Ausschwingen aus F_a,
t_r ... Zeit für das Rückfließen durch F_a.

Unter der vereinfachenden Annahme, daß die sämtlichen Wasserteile innerhalb eines Querschnitts nur axiale Bewegungen von unter

---

[1]) Siehe auch Köhler, Diss. 1923.

sich gleicher Größe ausführen, und daß die höchsten Beschleunigungsdrücke bereits im Augenblick der Kolbenumkehr stattfinden, kann
zunächst eine Konstruktionsvorschrift für die im Interesse der völligen
Spritzsicherheit erforderliche Kolbenlänge aufgestellt werden. Bezogen
auf die beiderseitigen Endflächen eines intakten Wasserkolbens gilt allgemein:

$$\dots \quad \frac{p_1}{\gamma} + \frac{w_1^2}{2g} = \frac{p_2}{\gamma} + \frac{w_2^2}{2g} + \frac{1}{g} \int b \cdot dL,$$

für den Hubbeginn ist $\quad \dots \quad p_1 - p_2 = P;$

und auch $\quad \dots \dots \quad w_1 = w_2 = 0,$

folglich $\quad \dots \dots \quad P/\gamma = \frac{1}{g} \int b \cdot dL = \frac{1}{g} \int \frac{b \cdot F}{F_a} \cdot \frac{F_a}{F} \cdot dL,$

wegen der Kontinuität $\quad \dots \quad b \cdot F = b_0 \cdot F_0,$

deshalb wird $\quad \dots \quad P/\gamma = \frac{b_0}{g} \cdot \frac{F_0}{F_a} \cdot \left(\frac{F_a}{F}\right)_m \cdot L,$

die Spritzsicherheit fordert $\quad \dots \quad g = \sigma \cdot b_0,$

somit endlich Kolbenlänge $\quad \dots \quad L = \frac{P \cdot \sigma}{\gamma} \cdot \frac{F_a}{F_0} \cdot \frac{1}{(F_a/F)_m};$

und Sicherheitsgrad $\quad \dots \dots \quad \sigma = \frac{L \cdot \gamma}{P} \cdot \frac{F_0}{F_a} \cdot (F_a/F)_m > 1.$

Die Wasserkolbenmaschine von Vogt, die mit einem Kurbeltrieb
versehen war, hatte eine »kritische Umlaufzahl«; für die mit einem
freifliegenden Wasserkolben arbeitende Humphrey-Pumpe ergibt sich
aus der zuletzt abgeleiteten Beziehung folgende Erkenntnis: ... Auch
bei Maschinen mit Wasserkolben, die unter Gasdrücken frei schwingen
und deren Spiegel zwischen ruhenden Wänden bewegt werden, kann die
Spritzsicherheit des Wasserkörpers nicht eindeutig durch die Befolgung
einer Konstruktionsvorschrift gewährleistet werden, sondern sie ist
außer von Konstruktionsgrößen noch vom Gasdruck abhängig. Die
Maschinen bleiben bei bestimmten Abmessungen nur bis zu einem
»kritischen Gasdruck« spritzsicher.

Weiterhin gilt für das Ausschwingen des Wasserkolbens:

Beschleunigungsarbeit $\quad . \quad \alpha \cdot F_1 \cdot s_1 \cdot p_m = \gamma/g \int F \cdot dL \cdot \frac{(w_{max})^2}{2};$

folglich auch $\quad \dots \dots \quad \alpha \cdot F_1 \cdot s_1 \cdot p_m = \frac{\gamma}{2g} \int \frac{F_a}{F_a} \cdot \frac{F^2}{F} \cdot (w_{max})^2 \cdot dL;$

wegen der Kontinuität $\quad . \quad F \cdot w_{max} = F_a \cdot (w_a)_{max};$

deshalb wird $\quad \dots \dots \quad F_1 \alpha \cdot s_1 \cdot p_m = \gamma/2g \cdot \frac{F_a^2 \cdot (w_a)_{max}^2}{F_a} \int \frac{F_a}{F} dL;$

woraus endlich $\quad \dots \dots \quad (w_a)_{max} = \sqrt{\frac{2g}{\gamma} \cdot \frac{F_1}{F_a} \cdot \frac{\alpha \cdot s_1 \cdot p_m}{(F_a/F)_m \cdot L}}.$

Der Verlauf der übrigen Geschwindigkeiten im Austrittsquerschnitt des Förderrohrs läßt sich in beliebigem Maßstab aus dem Verlauf der auf die Gesamtmasse des Wasserkörpers wirkenden Beschleunigungskräfte graphisch ermitteln und damit auch ihr Mittelwert $(w_a)_m$; auf gleichem Weg ergibt sich das Verhältnis des Expansionsvolumens zum Volumen der das Förderrohr verlassenden Wassermenge.

Das Expansionsvolumen ist . . . $= F_1 \cdot s_1$;

das gesamte Ausschwingen . . . $= F_a \cdot S_1 = F_a \cdot (w_a)_m \cdot t_a$;

woraus endlich Ausflußzeit. . . $t_a = \dfrac{S_1}{(w_a)_m}$.

Das Zurückschwingen des Wasserkolbens, das sich sogleich an die Beendigung des Ausschwingens anschließt, bewirkt nach den früheren Erläuterungen des Zweitaktvorgangs ein Ansteigen des Wasserspiegels über den Stand hinaus, der durch das selbsttätige Nachströmen von Wasser in den Gaszylinder erreicht worden war; es erfolgt zunächst der Abschluß der Auspuffventile und dann die Gemischverdichtung, deren Höhe sich aus der verfügbaren Wasserpressung ergibt. In der Abb. 11 ist dieser Vorgang dargestellt. Das Diagramm liefert die entsprechenden Rechnungswerte für den Rückhub und die dafür erforderliche Zeit (t_e); das gesamte Arbeitsspiel der Pumpe dauert dann ($t_a + t_e$).

Aus diesen Rechnungsgrundlagen, die für praktische Bedürfnisse hinreichend genau sind, geht zunächst hervor, daß eine Humphrey-Pumpe, deren Wasserkörper gegen das Eindringen von Gasen ebenso gesichert sein soll wie gegen das Zurücklassen von Wasserteilchen im Gasraum, eine sehr erhebliche Rohrlänge erfordert. Der höchste Beschleunigungsdruck von 12,5 at, der nach den vorstehend benützten Diagrammen zu erwarten ist, verlangt bei einem Sicherheitsgrad von $\sigma = 1,0$ eine Gesamtlänge des Wasserkolbens von 85 m. Wird dazu beispielsweise ein Expansionshub von $s_1 = 2$ m gewählt und ergibt sich ferner aus der Gestaltung des Rohrs ein $(F_a/F)_m = 2,2$, ein $F_a/F_0 = 1,5$, ein $F_1/F_a = 0,57$, ein $F_2/F_a = 0,64$, ein $S_1 = 1,66$ m und ein $S_2 = 0,36$ m, so wird die mittlere Ausströmgeschwindigkeit aus dem

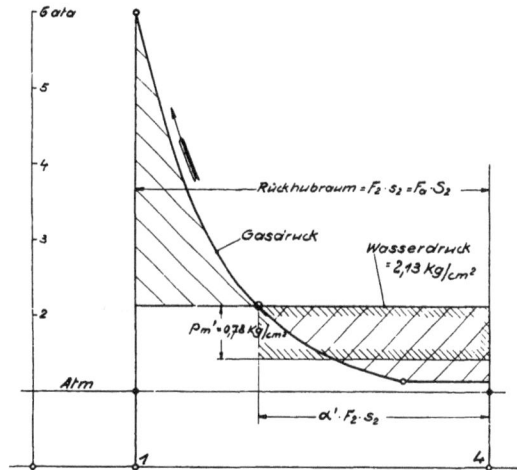

Abb. 11. P-V-Diagramm für den Rückhub einer Zweitaktpumpe.

Endquerschnitt des Förderrohrs $(w_a)_m = 0,9$ m/s und die mittlere Rückflußgeschwindigkeit aus dem gleichen Querschnitt $(w_a')_m = 0,3$ m/s. Der reine Nutzhub im Endquerschnitt des Förderrohrs ergibt sich mit 1,3 m und die Pumpe benötigt zu einem vollen Arbeitsspiel ca. 3 s. Die geringe minutliche Spielzahl einer solchen, gegen Beschädigungen ihres Spiegels unbedingt gesicherten Pumpe führt also im Zusammenhang mit der erforderlichen Rohrlänge zu einem im Pumpenbau unbrauchbaren Mißverhältnis zwischen der Förderleistung und dem Materialaufwand der Anlage. Daran ändert sich grundsätzlich nur wenig, wenn im Interesse verringerter Anlagekosten ein Kompromiß zuungunsten der Spritzsicherheit und der Wärmewirtschaft geschlossen wird. Ein solches ist nach zwei Richtungen möglich, und zwar kann zunächst auf die Benützung der im Gasmaschinenbau üblichen hohen Verdichtungsdrücke verzichtet werden. Selbst dann bleiben die Abmessungen einer Humphrey-Pumpe im Vergleich zu ihrer Wasserleistung ungewöhnlich. Noack hat über eine Viertaktanlage berichtet. Sie hatte bei einer Rohrlänge von 25 m,

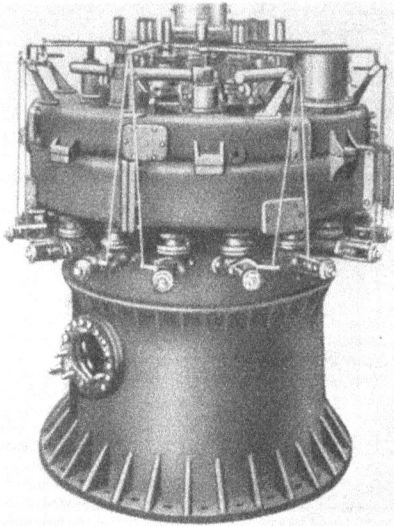

Abb. 12. Zylinderkopf einer Humphrey-Pumpe.

einem Zylinderdurchmesser von 2 m 11 volle Arbeitsspiele und erzielte damit eine Wasserleistung von etwa 330 PS. Der riesige Zylinderkopf dieser Pumpe, der in Abb. 12 wiedergegeben ist, verlangte für die Steuerung des Ein- und Auslasses der Gase 32 Ventile, die noch dazu völlig selbsttätig zu arbeiten hatten, da an der Pumpe die für ihren Antrieb sonst übliche Steuerwelle entbehrt werden muß. Ein zweites Kompromiß kann in Richtung eines Verzichtes auf völlige Spritzsicherheit geschlossen werden und dieser Verzicht lag bei dieser Anlage ebenfalls vor.

Auch die von Köhler indizierte Humphrey-Pumpe, deren Diagramm dem vorstehenden Rechnungsbeispiel zugrunde gelegt wurde, war nicht völlig spritzsicher, und das mußte sich naturgemäß in ihrem Wärmeverbrauch bemerkbar machen. In der Abb. 13 ist dieses Diagramm mit einem solchen wiedergegeben, das den verlustlosen Arbeitsvorgang darstellt. Die Pumpe arbeitete nach den Angaben des Berichters mit einem Leuchtgasgemisch von 505 WE im m³ bei 0⁰ und 760 mm. Die Nachrechnung des Indikatordiagramms ergibt, daß die Pumpe während der Verpuffung von 425 WE im kg Gemisch nur 342 WE fühlbar umsetzen konnte. Unter der auf die sehr gute Diagrammform gegründeten Annahme, daß ein Nachbrennen während der Expansion nicht stattgefunden hat, verlor demnach die Pumpe während der Verpuffung ihres Gemisches etwa 20% von dessen Wärmeinhalt; dazu kamen während der bis auf den Atmosphärendruck verlängerten Expansion noch weitere 13%, so daß insgesamt etwa 33% von der im Gemisch enthaltenen Wärme an das Wasser abgegeben worden sind. Der Vergleich des Indikatordiagramms mit demjenigen des verlustlosen Vorgangs zeigt dementsprechend ein Güteverhältnis von nur 67%, das zweifellos günstiger ausgefallen wäre, wenn die Pumpe völlig spritzsicher gearbeitet hätte. Trotzdem waren die Wärmeverluste der Zweitakt-Humphrey-Pumpe nicht derartig hoch, wie sie von flüchtigen Beurteilern vorausgesagt worden sind, die einen wirtschaftlichen Betrieb von Feuergasen über kalten Wasserflächen und zwischen kalten Wänden für unmöglich

Abb. 13. Indikatordiagramm einer Humphrey-Zweitaktpumpe.

gehalten hatten. Es ist durchaus zweifelhaft, ob eine gewöhnliche Kolbengasmaschine, mit den Abmessungen der Humphrey-Pumpe und mit deren geringen Hubzahlen betrieben, ein wesentlich höheres Güteverhältnis als 67% zu erreichen vermöchte. Die Beseitigung von Vorurteilen in dieser Beziehung ist ein Erfolg der Humphrey-Pumpe, der allen nachfolgenden Bauarten von Wasserkolbengasmaschinen zugute kommt; für sie war jene Pumpe ein Versuchsmodell größten Maßstabes für die Durchführung von Verpuffungsvorgängen über Wasserspiegeln.

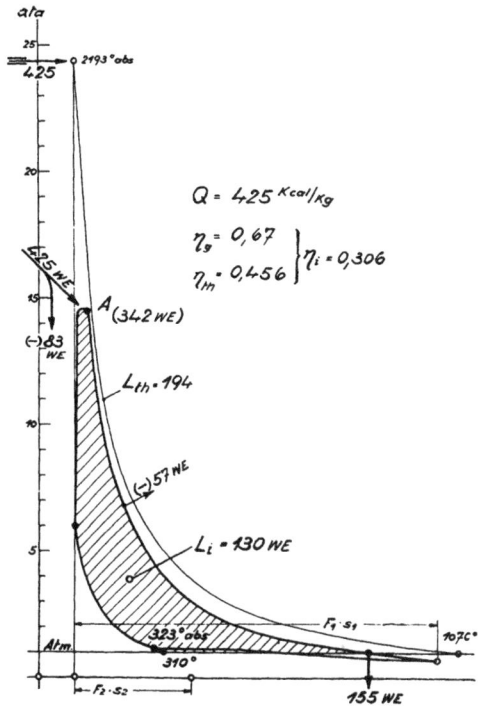

Die Humphrey-Pumpe war zur Zeit ihres ersten Auftretens zweifellos eine technisch hochinteressante Neuerung; für die Erreichung der Ziele des Brennkraftmaschinenbaues, die in der Einleitung genannt worden sind, ist sie jedoch nicht brauchbar. Wollte man sie zum Hauptbestandteil einer Anlage nach Abb. 6 machen, dann käme man angesichts des Kräfteumwegs vom Gasarbeitsraum über den Windkessel und die Wasserturbine zu einer Gesamtanlage von geradezu phantastischem Mißverhältnis zwischen Maschinenleistung, Materialaufwand und Platzbedarf. Gewiß hätte der Gasarbeitsraum einer solchen Anlage keine Betriebsschwierigkeiten durch Wärmestau und durch Schmierung im Feuerbereich; aber dieser Vorzug, der dem Wasserkolben zu verdanken ist, wäre zu teuer erkauft. An der Aussichtslosigkeit der Bemühungen, schwingende Wasserkolben in ruhenden Zylindern als Vermittler zwischen Gasarbeitsraum und Maschinenwelle zu benützen, ändert sich auch dann nichts, wenn versucht wird, in irgendeiner Kombination den Druckwindkessel zu ersparen; damit würde nur der Turbinenwirkungsgrad verschlechtert. Wenn eine Wasserkolbengasmaschine geeignet sein soll, die bisher übliche Bauart der Großgasmaschine bei gleicher Wärmewirtschaftlichkeit durch eine zugleich betriebssicherere und billigere Form abzulösen, dann muß sie nicht nur unbedingt spritzsicher sein, muß nicht nur das übliche schwerfällige liegende Kurbeltriebwerk beseitigen, sondern sie muß jeden Kräfteumweg zwischen Gasarbeitsraum und Maschinenläufer vermeiden und ohne Ventile arbeiten können.

Diese Erkenntnis führt zwangläufig zu einer ganz neuen Maschinenform, nämlich zum Zellenrad, dessen Zellen umlaufende Brennräume enthalten müssen und zugleich einzelne Wasserkolben, die unter den Expansionsdrücken relativ ausschwingen und gegen die Verdichtungsdrücke wieder zurückschwingen. An den Wasserspiegeln solcher Zellenradgasmaschinen spielen sich dann während des Umlaufs die gleichen Arbeitsvorgänge ab wie in der Vogtschen Maschine oder in der Humphrey-Pumpe, aber baulich viel einfacher. Ob und bis zu welchem Grad mit derartigen Maschinenformen das gesteckte Ziel erreicht werden kann, hängt nur von der Getriebeart ab, die gemeinsam mit den einzelnen aus- und einschwingenden Wasserkolben das Energiespiel zwischen den Arbeitsgasen und der Welle vermittelt.

V. Wasserkolben in Zellenrädern mit Umströmgetriebe.

Als Luftpumpen, d. h. als Verdichter für geringe Druckunterschiede, kennt man im Maschinenbau seit vielen Jahren Zellenräder, die mit einzelnen Wasserkolben ausgerüstet sind, an deren Spiegeln sich während des Umlaufs Rückexpansion und Verdichtung abspielen. In der Abb. 14 ist eine solche Luftpumpe schematisch dargestellt. Das Energiespiel von der Welle über die einzelnen Wasserkolben an die zu verdichtende Luft wird durch einen den Läufer umströmenden Wasserring vermittelt, der innerhalb eines festliegenden exzentrischen Gehäuses zugleich mit dem Zellenrad umläuft. Seitlich dicht an den Läufer anliegende Deckel enthalten festliegende Steuerschlitze, an denen die einzelnen Radzellen

samt ihren Lufträumen und Wasserkolben vorüberziehen und an denen
sie selbst den Ein- und Auslaß der Luft steuern. Gegenüber dem mitumlaufenden Wasserring sind die einzelnen Radzellen offen; sie stehen
während des Umlaufs dauernd mit ihm in Verbindung, er bildet das
Getriebe für die in den Zellen relativ ein- und ausschwingenden Wasserkolben. Während des Ausschwingens geben die Radzellen an den Wasserring Flüssigkeit ab und beim Einschwingen nehmen sie dieselben Mengen
wieder aus ihm zurück. Am Radumfang herrschen also in der Form von
»Spaltdrücken« verschiedene Wasserpressungen, und es versteht sich

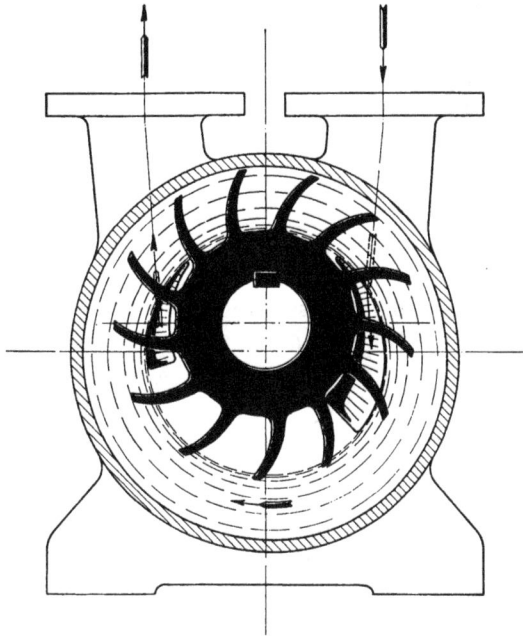

Abb. 14. Zellenrad-Luftpumpe mit Umströmgetriebe.[1]

von selbst, daß diese bei einem Verdichter in der Zone des Ausschwingens
der Wasserkolben, d. h. beim Ansaugen der Luft aus den Steuerschlitzen,
niedriger sind als beim Einschwingen, währenddessen die angesaugte
Luft verdichtet und durch die Steuerschlitze ausgeschoben wird. Somit
erfolgt im umströmenden Wasserring in der Drehrichtung des Läufers
eine Umsetzung von Geschwindigkeit in Pressung, und es ist offenbar die Aufgabe des Läufers, die in Druck umzusetzende Geschwindigkeit in der Zone des Ausschwingens der Wasserkolben zu erzeugen. Er
besitzt demgemäß vorwärts gekrümmte Laufschaufeln, mit deren Hilfe
die zur Luftverdichtung benötigte Energie von der Welle aus zunächst in
Form von Geschwindigkeit an den Wasserring übertragen und dann beim

[1] Bauart SSW.

Wiedereintritt in den Läufer über die einschwingenden Wasserkolben an die Luft abgeliefert wird.

Es ist bereits auffallend, daß solche Zellenräder mit frei umströmendem Wasserring nicht auch als Kompressoren für Verdichtung auf etwa 8 at in Gebrauch gekommen sind. An Vorschlägen in dieser Richtung

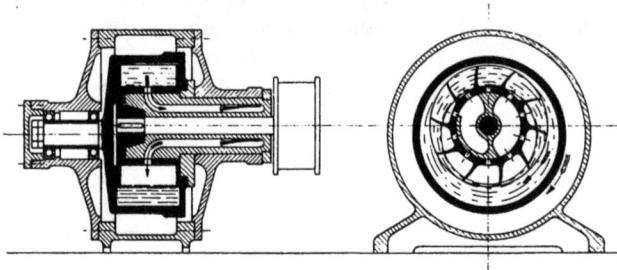

Abb. 15. Zellenrad-Kompressor mit Umströmgetriebe.[1]

hat es nicht gefehlt und ein solcher kommt auch in Abb. 15 zum Ausdruck. In der vorgeschlagenen Bauart sollte insbesondere die Wandreibung des umströmenden Wasserrings dadurch verkleinert werden, daß man ihn in einem mitumlaufenden, seitlich abgeschlossenen Schleppzylinder unterbrachte. Zu einer Ausführung scheint es jedoch nicht gekommen zu sein. Noch auffallender ist es, daß sich die Gasmaschine bisher nicht an diese Form eines nassen Verdichters in ähnlicher Weise anlehnen konnte, wie sich früher die Vogtsche Gasmaschine an den von Riedler beschriebenen Wasserkolbenkompressor angelehnt hatte. Aus einem im Zweitakt arbeitenden Kompressor könnte doch, so sollte man bei der Betrachtung der Abb. 16 meinen, ohne weiteres eine Zweitakt-Gasmaschine werden. Der Umkehrung des Arbeitsvorgangs würde gegenüber dem Kompressor nur eine veränderte Gruppierung der Spaltdrücke entsprechen, d. h. es müßte im umströmen-

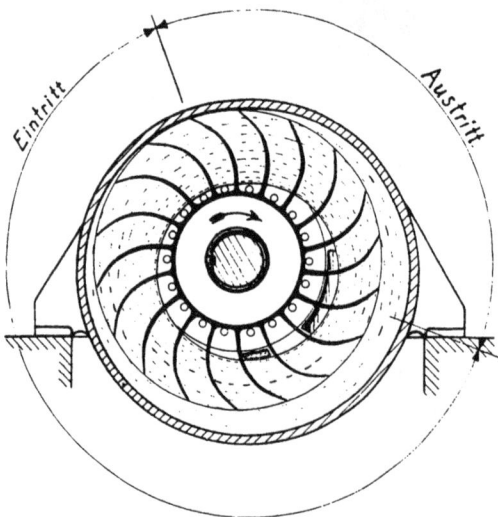

Abb. 16. Schema einer Zellenrad-Gasmaschine mit Umströmgetriebe.

---

[1] DRP. 252919.

den Wasserring Pressung in Geschwindigkeit umgesetzt werden, und die Laufschaufeln müßten statt nach vorwärts diesmal nach rückwärts gekrümmt sein. Eine solche erneute Anlehnung der Gasmaschine an den Kompressor ist auch in der Tat wiederholt erfunden worden und sie hätte sehr viel Bestechendes. Sie würde gewissermaßen zu einer Vereinigung von Humphrey-Pumpe und Wasserturbine in einem einzigen, windkessellosen Aggregat führen und könnte im Gegensatz zu allen vorher erörterten Maschinenformen die in der Einleitung genannten Forderungen in deren Gesamtheit erfüllen, denn:

1. sie macht keinen Umweg mit Wärme, weil die Verbrennungsgase selbst arbeiten, und zwar durch Druckwirkung auf Arbeitskolben, die hier aus Wasser bestehen;
2. sie macht keinen Umweg mit Kräften, weil die Arbeitsdrücke im Läufer selbst entstehen und mit geringstem Aufwand an Baustoffen in Drehmomente verwandelt werden;
3. ihre Einzelteile können aus einfachen Baustoffen, wie Stahlguß und Bronze bestehen, verlangen nur wenig Bearbeitung und keine solche von ungewöhnlicher Genauigkeit; auch braucht sie keine Ventile und kein äußeres Gestänge für deren Antrieb;
4. sie benötigt im Läufer und insbesondere im Feuerbereich keine Ölschmierung, weil alle Innenteile durch die Wasserkolben zugleich gekühlt und geschmiert werden;
5. ihre Betriebssicherheit ist fast so hoch wie diejenige einer reinen Wasserkraftmaschine, weil ihre Brennräume weder dem Wärmestau noch der Verschmutzung ausgesetzt sind.

Allerdings müssen die Wasserkolben einer derartigen Maschine viel höhere minutliche Hubzahlen vertragen als diejenigen der Vogt-Maschine oder gar der Humphrey-Pumpe, und es ist also zunächst die Frage zu erörtern, ob es etwa grundsätzlich unmöglich ist, mit umlaufend pendelnden Wasserkörpern minutlich Hunderte von Doppelhüben auszuführen, ohne daß sie dabei zu Schaum zerschlagen werden. Auf diese Frage gibt das Ähnlichkeitsgesetz eine klare Antwort und diese lautet: ... Wenn beim Auf- und Abschwingen eines Wasserkörpers in Richtung der Erdbeschleunigung sein innerer Zusammenhang und sein glatter Spiegel durch einen hinreichenden Überschuß der Erdbeschleunigung über die nach oben gerichtete Zwangsbeschleunigung des Wasserkörpers aufrechterhalten werden können, dann werden beim relativen Ein- und Ausschwingen eines umlaufenden Wasserkörpers in Richtung der Schleuderwirkung sein innerer Zusammenhang und sein glatter Spiegel durch einen hinreichenden Überschuß der Schleuderbeschleunigung über die nach innen gerichtete Zwangsbeschleunigung des Wasserkörpers aufrechterhalten. Es ist nur erforderlich, die relative Hubbewegung des Wasserspiegels in hinreichendem Abstand vom Drehmittel und bei hinreichender Winkelgeschwindigkeit des Läufers vorzunehmen.

Ein Wasserteilchen, dem innerhalb eines Zellenrads eine höchste, nach innen gerichtete Relativbeschleunigung (B_i) aufgezwungen wird, während es sich mit einer Winkelgeschwindigkeit (ω) eben in einem kleinsten Abstand (R_i) vom Drehmittel des Rades befindet, behält demnach unbedingt den Zusammenhang mit seinen Nachbarn bei einem Sicherheitsgrad (σ) gegen Auflösung und Spritzen, wenn das Gesetz befolgt ist . . . . . . $R_i\,\omega^2 = \sigma \cdot B_i$.

Die Wasserkolben eines Zellenrads mit Umströmgetriebe sind freischwingend wie diejenigen der Humphrey-Pumpen; sie haben zwischen Spiegel und Radaußenkante eine bestimmte freie Länge; sie unterliegen einem höchsten Beschleunigungsdruck (P), der sich graphisch bestimmen läßt; ihre einzelnen Querschnitte längs einer Mittellinie haben verschiedene Größen wie diejenigen der Humphrey-Pumpe. Somit ist wie bei dieser die im Interesse der Spritzsicherheit erforderliche Kolbenlänge (L) mit denselben vereinfachenden Annahmen der Berechnung zugänglich; es wird sinngemäß:

$$P/\gamma = \frac{R_i\,\omega^2}{\sigma \cdot g} \cdot \frac{F_0}{F_a} \cdot (F_a/F)_m \cdot L;$$

und hieraus

$$L = g/\gamma \cdot \sigma \cdot P \cdot F_a/F_0 \cdot \frac{1}{R_i\,\omega^2 \cdot (F_a/F)_m}.$$

Diese Konstruktionsvorschrift zur Erzielung spritzfreier Spiegelbewegung in Zellenrädern bildet den Gegenstand eines dem Verfasser erteilten Patents[1]); aus ihr geht hervor:

$$\sigma = \gamma/g \cdot \frac{L}{P} \cdot \frac{F_0}{F_a} \cdot \left(\frac{F_a}{F}\right)_m \cdot R_i\,\omega^2 > 1.$$

Die Wasserkolbenmaschine von Vogt hatte eine kritische Umlaufzahl, die Humphrey-Pumpe einen kritischen Gasdruck; für Zellenräder mit freifliegend umlaufenden Wasserkolben geht aus der zuletzt abgeleiteten Beziehung für den Sicherheitsgrad das folgende hervor: . . . Die Spritzsicherheit ist bei ihnen noch weniger als bei Wasserkolbenmaschinen mit ruhenden Zylindern im voraus dadurch zu gewährleisten, daß der Läufer bestimmte Abmessungen erhält, denn ihre Spritzsicherheit hängt außer von den Maschinenabmessungen noch von Drehzahl und Gasdruck zugleich ab. Es gibt hier sowohl eine kritische Umlaufzahl als auch einen kritischen Gasdruck und die Spritzsicherheit der Wasserkolben kann ebenso verlorengehen, wenn das Rad zu hohe Gasdrücke entwickelt, als wenn es zu langsam läuft.

---

[1]) DRP. Stauber, 361474.

Dazu kommt eine weitere, neue Erkenntnis. Mangelnde Spritzsicherheit, unter welcher etwa der Spiegel eines umlaufend pendelnden
Wasserkolbens leidet, erstreckt sich im Gegensatz zu einem Wasserkörper,
der zwischen ruhenden Wänden auf- und abschwingt, nicht notwendigerweise auf die gesamte Wassermasse, sondern sie kann in einer bestimmten Tiefe unterhalb des Wasserspiegels endigen, nämlich bei
einem hinreichend vergrößerten Abstand vom Drehmittel des Läufers.
Gasblasen können somit höchstens bis zu dieser Zone in den Wasserkörper eindringen, der von da ab nach außen seinen inneren Zusammenhang bewahrt. Der Vorgang wird sich in folgender Weise abspielen.
Beim Hereinrücken des Spiegels in das Gebiet der Spritzunsicherheit
beginnt seine Auflösung und das Eindringen von Gasblasen an den der
vorangehenden Schaufelwand benachbarten Wasserteilen, die mit der
im Augenblick der Auflösung vorhandenen Relativgeschwindigkeit an
der Schaufel weiter nach innen dringen und dabei eine im Raum spiral-
förmig verlaufende Bahn einschlagen, während die übrigen spritzsicheren Teile des Wasserkörpers relativ zurückbleiben und ihre bisherige Raumbahn weiterziehen, die im allgemeinen eine geschlossene
Kurve ohne Wendepunkte darstellt. Die übrigen Spiegelteile gelangen
dann nacheinander ebenfalls in das Gebiet der Spritzunsicherheit, wobei sie sich an die vorangehende Laufschaufel herandrängen und immer
mehr Gasblasen aufnehmen. Es bildet sich also im Gebiet der Spritzunsicherheit ein Schaumkissen, das auf dem intaktbleibenden übrigen
Wasserkörper schwimmt, mit abnehmendem Gehalt an Gasblasen bis
in eine gewisse Tiefe des Wasserkörpers reicht und bei dessen Ausschwingen teilweise wieder verschwindet. Selbstverständlich würde der
Wärmeverbrauch einer Gasmaschine, ganz abgesehen von der Gefähr-
dung ihrer Zündvorrichtungen bereits durch ein solches auf die innersten Schichten des Wasserkörpers beschränktes Schäumen geschädigt;
dieses läßt sich aber in Zellenrädern grundsätzlich genau so vermeiden
wie bei Wasserkolben, die innerhalb von ruhenden Zylinderwänden auf-
und abschwingen.

Es gibt noch eine dritte Eigenart des in einem Zellenrad relativ ein-
und ausschwingenden Wasserkolbens. Während seines abwechselnden
Entfernens vom Drehmittel und seiner Wiederannäherung treten gegenüber den Radschaufeln Coriolisbeschleunigungen auf, unter deren
Einfluß sich sein Wasserspiegel veränderlich schräg stellt, so daß er
während seines Umlaufs zusätzliche Schwingungen in der Drehebene
ausführt. Der Impuls für eine solche zusätzliche Spiegelschwingung
wiederholt sich mit jedem Relativhub des Wasserkolbens und mit ab-
wechselnder Richtung der Schrägstellung. Derartige Schwingungen
lagern sich über die durch die Gasdrücke erzwungene Hauptschwingung
des Wasserkolbens, verändern die Beschleunigungsgrößen an den Rändern
seines Spiegels gegenüber den für dessen Mitte geltenden Beträgen und

können unter Umständen zur Spritzunsicherheit der Spiegelränder führen. Aber auch dieser Möglichkeit kann durch hinreichend hohe Werte des für die Spiegelmitte gewählten Sicherheitsgrads entgegengewirkt werden.

Allerdings könnte die Corioliswirkung auf pendelnd umlaufende Wasserkolben auch zur völligen Betriebsunmöglichkeit führen, wenn nämlich das Ein- und Ausschwingen eines Wasserspiegels sich in gleichen Zeitabständen wiederholt und zufällig zwischen der Eigenschwingungszahl des Spiegels, die mit seiner Breite in der Drehrichtung zusammenhängt und der Hubzahl der Maschine Übereinstimmung bestünde. Offenbar in diesem Sinn hat Föttinger[1]) auf die großen Gefahren hin

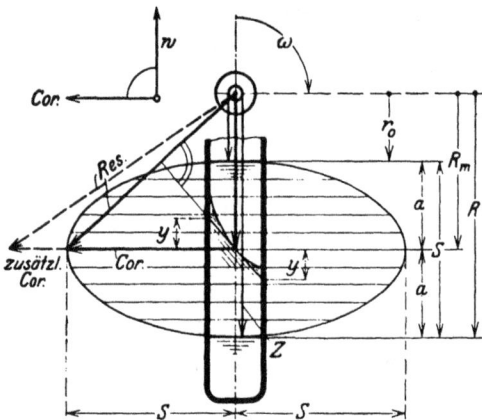

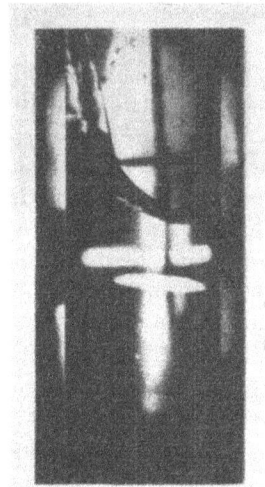

Abb. 17 und 18. Corioliswirkung auf Wasserspiegel (nach Föttinger).

gewiesen, mit denen die Wasserspiegel in Zellenrädern zu rechnen haben. Er zeigte mit der in Abb. 17 wiedergegebenen schematischen Darstellung, wie die Schrägstellung eines Wasserspiegels ermittelt werden kann und wies an Hand des Lichtbilds in Abb. 18 darauf hin, daß diese Schrägstellung wegen der Phasenverschiebung ihren Höchstwert gerade in der Nähe des inneren Hubendes eines Wasserkolbens erreicht und dort zum förmlichen Überschlagen seines Spiegels führt. Mit derart zerstörten Wasserflächen, wie sie von Föttinger durch einen Modellversuch festgestellt wurden, könnte eine Gasmaschine selbstverständlich nicht betrieben werden; doch scheint bei diesen Versuchen ein Zufall gerade zu der ungünstigsten unter allen sonst denkbaren Spiegelformen geführt zu haben. Wenn das im Lichtbild gezeigte Modell maßstäblich dem danebenstehenden Schema entsprochen hat, dann war der schwingende Wasserkolben nicht einmal in seinem innersten Wasserfaden spritzsicher, denn dazu wäre es nötig gewesen, den halben Spiegel-

---

[1]) Jahrbuch d. Schiffsbautechn. Gesellschaft 1930, S. 207 u. 208.

hub kleiner zu machen als den kleinsten Abstand der Spiegelmitte vom Drehmittel. Aber auch das zufällige Zusammentreffen der Eigenschwingungszahl des umlaufend pendelnden Wasserspiegels mit der Hubzahl seines Kolbens kann praktisch verhindert werden, und zwar auf Grund einer Überlegung an Hand der Abb. 19. Mit dem Spiegel zugleich schwingt, insbesondere bei gleicher Dauer der Spiegelhübe, ein gewisser Teil des Wasserkörpers, dessen Größe rechnerisch wohl kaum exakt bestimmt werden kann; er wird sich aber ähnlich verhalten wie eine ihn ersetzende Elementarschicht von zunächst unbekannter Fadenlänge L_1, die in der Abb. 19 angedeutet ist. Diese Fadenlänge L_1 wird auch in einer bestimmten Abhängigkeit von den Gesamtabmessungen des Wasserkolbens im Bereich der ihn einschließenden Läuferwände stehen,

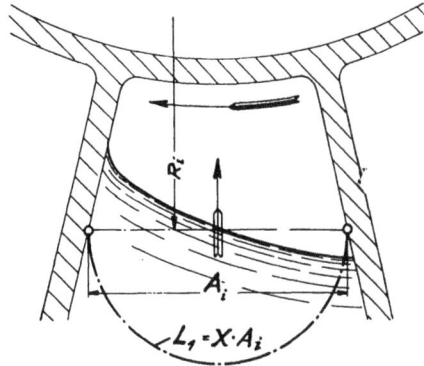

Abb. 19. Schema der Spiegelschwingung.

insbesondere in Abhängigkeit von der Breite A_i des Wasserspiegels bei dessen innerster Lage. Bezeichnet man nun mit t die Eigenschwingungsdauer dieses gedachten Ersatzpendels, mit x die Abhängigkeit seiner Fadenlänge von der Spiegelbreite, mit ω die Winkelgeschwindigkeit des Läufers, mit T seine Umlaufzeit und mit R_i den kleinsten Spiegelabstand vom Drehmittel der Maschine, so bestehen die Beziehungen:

$$t = 2\pi \cdot \sqrt{\frac{L_1}{2\,R_i\,\omega^2}}; \quad T = \frac{2\pi}{\omega}, \text{ und } L_1 = x\,A_i$$

somit $\quad t/T = \sqrt{\frac{x \cdot A_i}{2 \cdot R_i}}.$

Für die etwaige Resonanz ist das Verhältnis t/T maßgebend, und dieses Verhältnis ist für eine bestimmte Bauform der einzelnen Zelle ganz unabhängig von deren Winkelgeschwindigkeit. Wenn also der einzelne Wasserkörper bei einer bestimmten Winkelgeschwindigkeit der Maschine hinreichend ruhig ist, dann zeigt er das gleiche Verhalten bei jeder beliebigen Winkelgeschwindigkeit bzw. Drehzahl des Läufers, Nach dem Ähnlichkeitsgesetz gilt dies auch für eine Winkelgeschwindigkeit, die derartig verringert ist, daß in ihr die Schleuderbeschleunigung. die auf den Wasserspiegel wirkt, den Wert der Erdbeschleunigung annimmt. Diese reduzierte Winkelgeschwindigkeit ergibt sich

aus $\quad . \; R_i\,(\omega_0)^2 = g\,;$

zu $\; . \; . \; . \; . \; \omega_0 = \sqrt{\frac{g}{R_i}}.$

Zu der reduzierten Winkelgeschwindigkeit ω_0 gehört auch eine reduzierte Umlaufzeit des Läufers

$$T_0 = \frac{2\pi}{\omega_0} = 2\pi \sqrt{\frac{R_i}{g}},$$

sowie eine reduzierte Eigenschwingungszeit des Wasserspiegels in der Größe von

$$t_0 = 2\pi \sqrt{\frac{L_1}{2g}}.$$

Da auch jetzt wieder das Verhältnis

$$t_0/T_0 = \sqrt{\frac{x \cdot A_i}{2R_i}},$$

so ist das Verhalten des Wasserkörpers und seiner Spiegelschichten unter dem Einfluß der Coriolisbeschleunigung identisch mit demjenigen unter Erdbeschleunigung, wenn dabei die Umlaufzeit des Läufers auf den reduzierten Wert T_0 gesunken ist. In dieser Ähnlichkeitsumlaufzeit des Läufers dürfte aber der Wasserkörper der umlaufenden Zelle fast das gleiche Verhalten zeigen wie derjenige einer maßgenauen Modellzelle, die nicht umläuft, sondern in Gegenwart der Erdbeschleunigung durch ein entsprechendes Getriebe mit der Umlaufzeit T_0 und mit einem nach dem Ähnlichkeitsgesetz ermittelten horizontalen Hub auf horizontaler Unterlage hin- und hergeschoben wird; auch dabei gerät der Wasserspiegel in Schwingungen, deren Impulszahl mit der Umlaufzahl des Modellantriebs übereinstimmt. Ein einfacher Ähnlichkeitsversuch mit dem Zellenmodell ermöglicht somit eine für praktische Bedürfnisse hinreichende Erprobung des Charakters der beim Umlauf des Zellenrads zu erwartenden Spiegelschwankungen und ist gegebenenfalls mit anderen Werten von A_i und R_i solange zu wiederholen, bis sich harmlosere Erscheinungen offenbaren als die von Föttinger veröffentlichten. Die Frage, ob es überhaupt möglich ist, in Zellenrädern mit umlaufend pendelnden Wasserkörpern minutlich Hunderte von Doppelhüben auszuführen, ohne daß sich die Wasserkolben zu Schaum zerschlagen, muß also grundsätzlich bejaht werden.

Wenn es trotzdem bisher nicht gelungen ist, Zellenrad-Wasserkolbenmaschinen mit umströmendem Wasserring als Gasmaschinen zu betreiben, so liegt die Behinderung wohl in einer anderen Richtung, die den zahlreichen Erfindern solcher Maschinen verborgen geblieben ist. Man gewinnt einen Einblick in diese Schwierigkeiten dann am raschesten, wenn man unter vereinfachenden Annahmen von den Strömungsverhältnissen einer solchen Maschine in deren umlaufendem Wasserring ausgeht und dann die Relativbewegungen der Wasserkolben gegenüber ihren mitumlaufenden Zellenwänden betrachtet. Die ersteren entsprechen einer Turbinenwirkung an den Schaufeln des Läufers, die letzteren einer

Kolbenwirkung ähnlich derjenigen in der Humphrey-Pumpe. Beide
sollen nachstehend getrennt erörtert werden, und zwar unter der vereinfachenden Annahme eines verlustlosen Vorgangs.

Man kann sich zunächst vorstellen, daß der den Läufer umströmende
Wasserring aus einzelnen übereinander gleitenden Schichten von geringster Dicke bestünde und dementsprechend auch der Läufer aus sehr
vielen dünnsten Einzelzellen. Die Turbinenwirkung der Einzelschicht
des umströmenden Wasserrings setzt voraus, daß in der Drehrichtung
Druckgefälle bestehen, die sich aus einer Verschiedenheit der beiderseitigen Spaltdrücke ergeben und im Beharrungszustand der Maschine
unveränderlich sein müssen. Eine Einzelschicht dieser Art ist in der
Abb. 20 schematisch dargestellt. Sie verbindet zwei Elementarzellen

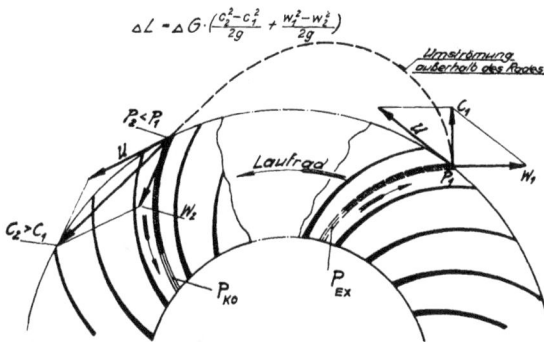

Abb. 20. Schema des Umströmgetriebes für konstante Zellenquerschnitte.

des Läufers miteinander; aus der einen von diesen schwingt das Wasser
unter der Wirkung von Expansionsdrücken P_{ex} aus und in die andere
kehrt es in gleicher Menge gegen den Widerstand von Verdichtungs-
drücken P_{ko} zurück. Im Radspalt herrschen vor diesen für den Augenblick gekuppelten Radzellen verschiedene Drücke P_1 und P_2 neben verschiedenen Relativgeschwindigkeiten w_1 und w_2. Im Augenblick des Aus-
tritts aus der Expansionszelle nimmt also ein Wasserteilchen das Arbeits-
vermögen $\left(\dfrac{P_1}{\gamma} + \dfrac{w_1^2}{2\,g}\right)$ mit; dieser Betrag hat sich im Augenblick des
Rücktritts in die Verdichtungszelle auf den Rest $\left(\dfrac{P_2}{\gamma} + \dfrac{w_2^2}{2\,g}\right)$ verringert,
Die Differenz dieser beiden Größen ist identisch mit der Energie,
welche inzwischen mit Hilfe der Druckumsetzung in der Umströmschicht
und mit rückwärts gekrümmten Schaufeln an die Welle übertragen
wurde; für die kuppelnde Elementarschicht des Umströmrings gilt also
die allgemeine Leistungsgleichung, die in der Abb. 20 angegeben ist
und die Gesamtleistung der sämtlichen umströmenden Wasserschichten
ist beim verlustlosen Vorgang gleich der resultierenden Gasleistung über

den Wasserspiegeln des Läufers. Aus dieser Turbinengleichung geht hervor, daß die Einzelleistung einer Umströmschicht eine Funktion der Relativgeschwindigkeiten an den beiderseitigen Anschlußstellen sein muß; sie wird also für den Anfang und das Ende der relativen Kolbenbewegung, d. h. für die Grenzschichten des Umströmrings zu null.

Die Kolbenwirkung innerhalb der einzelnen Radzelle beginnt beim Ausschwingen des Wasserkolbens mit einer Beschleunigung unter dem Einfluß der Gasdrücke und der Schleuderdrücke der Kolbenmasse bei gleichzeitiger Gegenwirkung von Spaltdrücken am Radumfang. In der Abb. 21 ist dieser Vorgang in einem P-V-Diagramm dargestellt. Gasdruck E und Schleuderdruck Z vereinigen sich dabei zu einem Gesamtdruck G, dessen Hubarbeit ein mehrfaches der reinen Gasarbeit beträgt. Die zugehörigen Spaltdrücke S können keinen anderen als den schematisch angedeuteten Verlauf haben und die schraffierten Diagrammflächen kennzeichnen also die Arbeiten für die Beschleunigung und die Verzögerung der Kolbenmasse. Zum Schnittpunkt der Gesamtdrucklinie mit der Spaltdrucklinie gehört die höchste Relativgeschwindigkeit der Kolbenmasse; da letztere sich während des Ausschwingens stark verkleinert, ist die Arbeitsfläche B größer als die entsprechende Fläche V. In der Abb. 22 ist in gleicher Weise der Vorgang des Zurückschwingens des Kolbens in die Radzelle dargestellt.

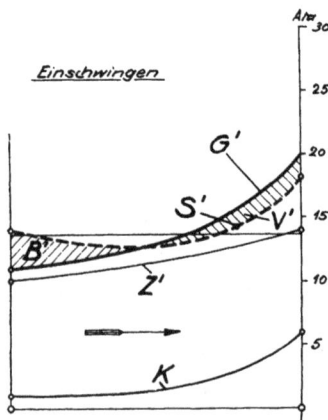

Abb. 21. *P-V-Diagramm* für das Ausschwingen der Kolben des Umströmgetriebes.

Der Vorgang beginnt mit kleinster Kolbenmasse. Diese wird durch Spaltdrucküberschüsse gegenüber der Summe von Gas- und Schleuderdrücken zunächst wieder auf eine höchste Relativgeschwindigkeit beschleunigt, die kleiner ist als der entsprechende Wert beim Ausschwingen und kommt durch die späterhin überwiegenden inneren Gegendrücke zum Stillstand. Da sich die Kolbenmasse während des Einschwingens vergrößert, muß die Beschleunigungsfläche im Diagramm B' kleiner sein als die Fläche V'; auch müssen im Bereich des Einschwingens die Spaltdrücke insgesamt niedriger sein als diejenigen im Bereich des Ausschwingens.

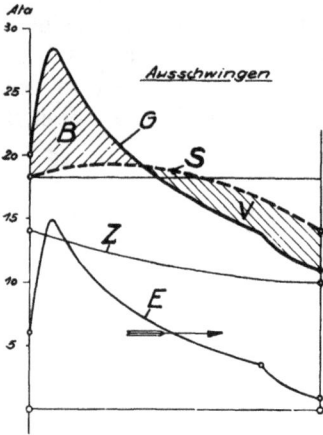

Abb. 22. *P-V-Diagramm* für das Einschwingen der Kolben des Umströmgetriebes.

Da sie nur allmählich ineinander übergehen können, müssen beim verlustlosen Vorgang die Spaltdrücke am Beginn des Ausschwingens die
gleichen sein wie am Ende des Einschwingens und am Ende des Ausschwingens die gleichen wie beim Beginn des Einschwingens.

Es ist schon nicht einfach, alle diese Bedingungen in Einklang zu
bringen, was überhaupt nur zeichnerisch möglich ist; das Ergebnis gilt
aber nur für den verlustlosen Vorgang in dünnsten Elementarschichten
der Radzellen und des umströmenden Wasserrings. In Wirklichkeit wäre
der Arbeitsvorgang eines Zellenrads mit umströmendem Wasserring mit
außerordentlichen Energieverlusten verknüpft, denn:

1. die absoluten Austrittsgeschwindigkeiten des Wassers aus dem
   Läufer sind an jeder Stelle des Radumfangs verschieden und
   nur beim Beginn und am Ende des Ausschwingens theoretisch
   gleich groß; dasselbe gilt für die absoluten Geschwindigkeiten
   vor dem Umfangsteil des Wiedereintritts. Die Umströmung in
   den einzelnen übereinander gleitenden Wasserschichten müßte
   also mit gegenseitig stark verschiedenen Geschwindigkeiten vor
   sich gehen. Das führt zusammen mit der durch die endliche
   Zellenbreite bedingten Störung zu erheblichen Reibungs- und
   Wirbelungsverlusten innerhalb des gemeinsamen Umströmraums.

2. Das Ein- und Ausschwingen der Wasserkolben erfolgt in gegenseitiger Unabhängigkeit und ist von verschiedener Dauer. Die
   Relativgeschwindigkeiten beim Ein- und Ausschwingen nehmen
   auch keinen geometrisch ähnlichen Verlauf. Der ausgeführte
   Schaufelwinkel des Läufers kann deshalb auch nur für eine
   einzige Umströmschicht stoßschwachen Anschluß an die beiderseitigen Laufzellen ergeben, für ihre Nebenschichten nicht. Das
   muß, bezogen auf die reine Gasarbeit, zu Stoßverlusten von besonderer Höhe deshalb führen, weil die durch Stoßverluste ge-
   schädigte Energie des Wasserkörpers im Umströmraum ein Mehrfaches der reinen Gasarbeit beträgt.

3. Die Wasserdrücke im Radspalt und in den darüber gelagerten
   Umströmquerschnitten können nur bei einer ganz bestimmten
   Gehäuseform den in den Diagrammen angedeuteten Verlauf nehmen. Sie würde rechnerisch kaum zu ermitteln sein, und selbst
   wenn dies für die Normalleistung der Maschine gelungen sein
   sollte, dann wäre sie für Teilleistungen doch unrichtig und eine
   weitere Verlustquelle. Zylindrisch könnte das den Läufer umhüllende Gehäuse keinesfalls sein, und deshalb ist es insbesondere
   nicht möglich, solche Zellenräder in einem mitumlaufenden
   Schleppzylinder unterzubringen, der gelegentlich zur Verkleinerung der Wandreibung des Wasserrings vorgeschlagen wurde.

4. Die schlimmsten Energieverluste würden aber in einer solchen

Zellenradgasmaschine durch die Befolgung der Spritzsicherheits-
bedingung entstehen. Das Laufrad vermag nämlich den hohen
Beschleunigungsdrücken des Gasmaschinenbetriebs nur verhältnismäßig kurze Kolbenlängen gegenüberzustellen. Die Maschine müßte, um das Hineinschlagen der Feuergase in schäumen-
des Wasser zu vermeiden, ein Schnelläufer mit Umfangsgeschwindigkeiten über 70 m/s werden, und bei solchen Reibungsgeschwin-
digkeiten zwischen dem Wasserring und seinem Gehäuse ginge
die gesamte Gasarbeit verloren.

Es ist also wohl zu verstehen, warum Zellenräder mit Umströmgetrieben bisher nur als Luftpumpen verwendet werden konnten,
nicht einmal als Kompressoren, noch weniger als Gasmaschinen. Damit
ist aber der Zellenradgasmaschine als solcher keineswegs das Todesurteil
gesprochen. Wenn eine Wasserkolbenmaschine geeignet sein soll, die
bisher übliche Bauart der Großgasmaschine bei gleicher Wärmewirtschaftlichkeit durch eine zugleich betriebssicherere und billigere Form zu
ersetzen, dann ist der Weg zum Zellenrad an sich richtig, aber dessen
ein- und ausschwingende Wasserkolben müssen mit einer Getriebeart
zusammenarbeiten, welche auch bei niedrigen Umfangsgeschwindigkeiten des Läufers spritzsichere Wasserspiegel ermöglicht.

VI. Wasserkolben in Zellenrädern mit Pendelringgetriebe.

Ein hydraulisches Getriebe für die ein- und ausschwingenden Wasserkolben von Zellenradgasmaschinen kann nur dann bei geringeren Umfangsgeschwindigkeiten als das Umströmgetriebe
spritzsicher bleiben, wenn es ohne Vergrößerung
der Raddurchmesser den beschleunigenden Gasdrücken größere Kolbenlängen als jenes gegenüberzustellen vermag. Das ist offenbar nur bei
Benützung von zwei Zellenrädern denkbar,
deren Wasserkolben zusammenarbeiten[1]). In der
Abb. 23 ist das Schema eines derartigen Doppel-
rades dargestellt. Die beiden Radhälften um-
schließen einen zwischen ihnen liegenden festen
Leitring, durch dessen einzelne Zellen hindurch
sich die Kolben der Radhälften zwangläufig zu
Doppelkolben von vergrößerter Gesamtmasse
vereinigen. Das Einzelelement des neuen Getriebes ist demnach ein in einem umlaufenden
gleichschenkligen U-Rohr schwingendes Wasser-

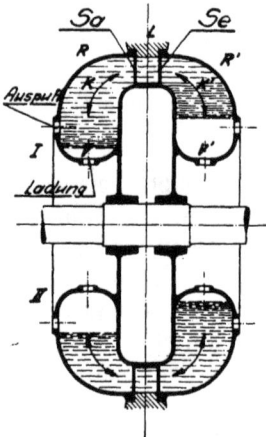

Abb. 23. Schema der Pendelringturbine nach Stauber.

[1]) DRP. Stauber, 344550.

pendel, das durch beiderseits auf die freien Wasserflächen wirkende Gasdrücke während des Umlaufs hin- und hergeschoben wird.

Der allgemeine Vorgang in einem solchen umlaufenden Wasserpendel und in dem dazwischenliegenden Leitring ähnelt demjenigen in einem stilliegenden U-Rohr, zwischen dessen beiden Hälften eine Drosselvorrichtung eingelegt ist. Die Abb. 24 zeigt ein derartiges U-Rohr mit einem Doppelkolben und einer schematisch angedeuteten Drosselvorrichtung. Die Summe der einzelnen Wassermassen W_1 und W_2 bleibt beim Pendeln konstant. Wenn auf die eine der beiden Wasserflächen Gas-

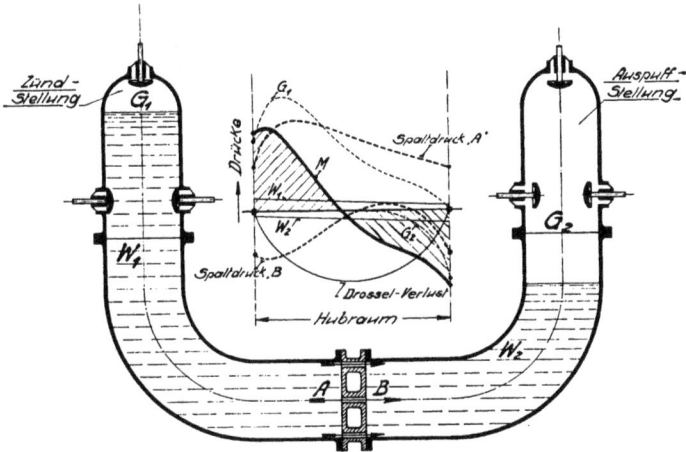

Abb. 24. Schema der Energieentziehung im Wasserpendel.

drücke G_1 wirken und auf die andere Wasserfläche Gegendrücke $G_2 < G_1$, so schwingt der Wasserkörper unter Energieentziehung durch die Drosselvorrichtung hindurch. Der Größenverlauf der dabei entstehenden Drosselverluste entspricht in jedem Augenblick den eben vorhandenen Pendelgeschwindigkeiten; in den Totlagen des Wasserkolbens ist die Drosselvorrichtung unwirksam, und ihren Höchstwert erreicht die Drosselung bei der größten Pendelgeschwindigkeit. Ein Hin- und Herschwingen eines solchen Wasserpendels zwischen beabsichtigten Endlagen ist dann möglich, wenn die Drosselverluste über den Gesamthub hinweg eben der Differenz zwischen der Triebarbeit auf der ausschwingenden Kolbenseite und der Widerstandsarbeit auf der einschwingenden Kolbenseite gleich sind. Werden nun mehrere derartiger Einzelpendel in einem rotierenden System vereinigt, so werden aus den beiderseitigen Hälften der U-Rohre die gegenseitig abgeschlossenen Zellenräder R und R' mit ihren Steueröffnungen V und V', und aus der energievernichtenden Drosselvorrichtung des besprochenen Schemas werden die in der Drehrichtung des Läufers aufeinanderfolgenden Einzelkanäle eines in sich geschlossenen Leitrings, in denen sich nutzbare Druckumsetzungen verschiedenen Betrags in der

Richtung des Wasserdurchtritts abspielen. Aus dem hydraulisch un-
klaren Umströmgetriebe ist auf diese Weise ein »Pendelringgetriebe«
geworden, dessen Strömungsverhältnisse viel einfacher zu beurteilen
sind. Die Abb. 25 zeigt in einer Abwicklung des feststehenden Leitrings
und der beiderseitig vorüberziehenden Zellenräder das Schema eines solchen neuartigen Getriebes; bezogen auf Wasserschichten geringster
Dicke, die auch bei der Erörterung des Umströmgetriebes angenommen
worden waren, besitzt der Pendelring die folgenden Merkmale:

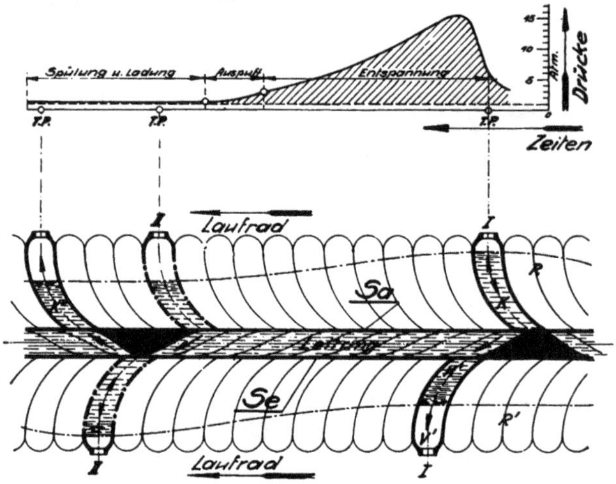

Abb. 25. Schematische Abwicklung des Pendelringgetriebes.

1. der einzelne wirksame Wasserkörper steckt als Doppelkolben
   K plus K' gleichzeitig in zwei rotierenden Laufzellen und behält beim relativen Pendeln während des gleichzeitigen Umlaufs
   aus der Lage I—I in die Lage II—II seinen Zusammenhang und
   seine Gesamtmasse unverändert bei.

2. Mit dem einen der beiden Wasserspiegel nimmt der einzelne
   Doppelkolben Expansionsarbeit aus den auf ihn wirkenden Verbrennungsgasen auf, mit dem andern Spiegel gibt er Verdichtungsarbeit an frisches Gemisch ab.

3. Der Unterschied der beiderseitigen Gasarbeiten wird während
   des relativen Pendelns mit Hilfe der druckumsetzenden Kanäle
   des ruhenden Leitrings und der rückwärts gekrümmten Laufschaufeln in beiden Rädern an die Welle abgeführt, und zwar
   werden dabei von den einzelnen Wasserkolben nacheinander
   immer neue Kanäle des Leitrings zum Übertritt benützt, an denen
   sie sich gewissermaßen anhängen und wieder abkuppeln.

4. Das Rückschwingen eines Doppelkolbens erfolgt nicht zwischen
   den nämlichen Verbrennungsräumen wie das Hinschwingen,

sondern der Leitring verbindet an »Umschaltestellen«, die in der Abwicklung erkennbar sind, jeweils neue Kolbenhälften miteinander, die jedoch wieder zur gleichen Gesamtmasse wie zuvor zusammengekuppelt werden.

Über die grundsätzliche Art der Energieabgabe des Pendelrings an den Läufer, sowie über die Bedingungen des hydraulischen Wirkungsgrads der Pendelströmung gibt ein Vergleich mit der stationären Strömung in einer Turbine Aufschluß, deren Bauform derjenigen des Pendelrings angepaßt ist, d. h. die das zugeführte Wasser zunächst durch ein Schleuderrad schickt und dann über einen Leitring in ein Laufrad und zurück zur Welle. In der Abb. 26 sind die beiden Turbinenarten für »Pendelstrom« und »Gleichstrom« einander gegenüber gestellt. In der

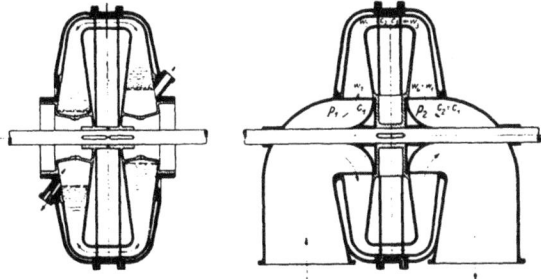

Abb. 26. Vergleich des Pendelstroms mit dem Gleichstrom in baulich ähnlichen Läufern.

Gleichstromturbine mögen der Einfachheit halber zu beiden Seiten des Läufers dieselben absoluten Wassergeschwindigkeiten vorhanden sein; die beiden Räder des Läufers mögen rückwärts gekrümmte Schaufeln von gleichen Winkeln besitzen, in den Radzellen sollen die Relativgeschwindigkeiten unverändert bleiben. Es ist klar, daß auch in einer derartig von der üblichen Form abweichenden Turbine bei ständiger Strömung im Leitring das Druckgefälle $\dfrac{P_1 - P_2}{\gamma}$ umgesetzt wird, und zwar nach der bekannten Beziehung, in der auch die Strömungswiderstände berücksichtigt sind: $\dfrac{P_1 - P_2}{\gamma} = \dfrac{c_3{}^2 - c_2{}^2}{2g} + \dfrac{P_r}{\gamma}$, aber die Umsetzung von $\dfrac{P_1 - P_2}{\gamma}$ erfolgt in einem wesentlich erhöhten Druckgebiet, in welches das Wasser durch das zuerst durchflossene Schleuderrad gebracht wird. Selbst wenn das vorgeschaltete Schleuderrad die Relativgeschwindigkeiten des eingetretenen Wassers nicht vergrößert, so vergrößert es doch die Durchflußgeschwindigkeiten in den Leitkanälen und verursacht damit eine Verkleinerung der Durchflußquerschnitte im Leitring. Es verschlechtert also im Vergleich mit den normalen Bauformen von Überdruckturbinen den Strömungswirkungsgrad durch zwei Faktoren auf einmal und diese Verschlechterung wächst sehr rasch mit dem Durchmesser des Schleuderrads. Solche Radformen werden also sehr leicht zu Wasserbremsen, und diese Erkenntnis hat bei der Entwicklung der Pendelringturbine eine wesentliche Rolle gespielt.

Die für ein bestimmtes Druckgefälle erforderlichen Laufschaufel-
winkel und die zugehörigen Anschlußwinkel der Leitschaufeln ergeben
sich unter der Voraussetzung symmetrischer Laufschaufeln in bekannter
Weise nach Abb. 27. Am ganzen Leitringumfang erfolgt in der Gleich-

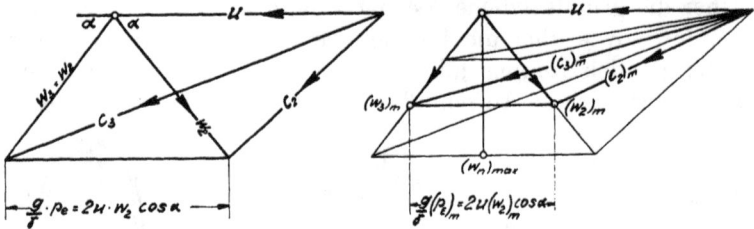

Abb. 27. Geschwindigkeitspläne für Gleichstrom und Pendelstrom.

stromturbine der Wasserdurchtritt in genau der gleichen Weise. Die Relativgeschwindigkeiten, mit welchen das Wasser das Schleuderrad ver-
läßt, sind am ganzen Leitringumfang die gleichen; alle Leitschaufeln
haben dieselben Formen, an jeder Stelle des Leitringumfangs wird das
gleiche Druckgefälle entzogen und in Geschwindigkeit umgesetzt, entsprechend der bekannten Beziehung $\frac{g}{\gamma} \cdot p_e = 2\,u\,w \cos x$. In der
Pendelringturbine sind im Gegensatz dazu die Relativgeschwindigkeiten
des einzelnen Doppelkolbens im Verlauf eines Pendelhubs ganz verschieden; sie beginnen mit Null, erreichen einen Höchstwert und werden
dann wieder zu Null. Dementsprechend müssen auch die Schaufelwinkel
der aufeinanderfolgenden Leitkanäle, die während eines Pendelhubs
den Wasserübertritt vermit-
teln und die Energieum-
setzung durchführen sollen,
unter sich ebenfalls ganz
verschieden sein. Daraus
ergibt sich für den Pendelring eine besondere Gestaltung des Leitrings. Wie dessen Abwicklung in Abb. 28
erkennen läßt, richten sich
am Radumfang fortschrei-
tend die einzelnen Leit-
schaufeln mit den Wasser-

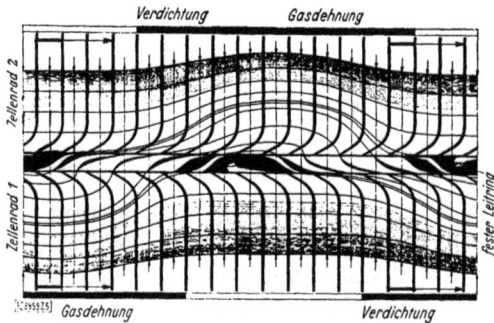

Abb. 28. Abwicklung der Leitschaufeln des Pendelrings.

fäden auf und legen sich dann wieder mit ihnen um. Im Beharrungszustand
der Turbine befinden sich zwar an irgendeinem Punkt des Leitringumfangs
die einzelnen vorüberziehenden Doppelkolben stets im gleichen Stadium
der Pendelung, und in unendlich schmalen Lauf- und Leitzellen wäre überall am Leitringumfang eine stationäre Strömung vorhanden; aber die

einzelnen Leitkanäle haben dem pendelnden Wasserdoppelkolben an jeder
Stelle des Radumfangs ein anderes Druckgefälle zu entziehen, denn dieses
ist auch im Pendelstrom eine Funktion der relativen Pendelgeschwindigkeit. Wenn also für jeden einzelnen Doppelkolben die Beziehung gilt:
$\frac{g}{\gamma} \cdot p_e = 2\,u\,w \cos \alpha$, so entspricht offenbar die gesamte Energieentzie-

hung aus dem einzelnen
Doppelkolben während
seines Gesamthubs einem
Mittelwert P_m, der zu
einem Mittelwert der re-
lativen Pendelgeschwin-
digkeit w_m gehört, so daß

wieder $\frac{g}{\gamma} \cdot P_m = 2\,u\,w_m$
cos α. Dieser Mittelwert
P_m muß identisch sein
mit dem Nutzdruck p_e
$= p_i - p_r$, worin p_i den
Mittelwert aller positiven und
negativen Gasdrücke an beiden
Enden eines Wasserkolbens bedeutet und p_r den Mittelwert
aller Widerstände, die während
eines Pendelhubs im Innern der
Laufzellen und der Leitkanäle
auftreten. Werden alle Nutz-
drücke, die in den einzelnen
Stadien des Pendelvorgangs
eines Doppelkolbens umgesetzt
werden, über dem Pendelhub als
Basis aufgetragen, so wie es in
Abb. 29 geschehen ist, so ergibt sich ein Linienzug, der
demjenigen der relativen Pendelgeschwindigkeiten geometrisch
ähnlich ist.

Der Verlauf der Spalt-
drücke S_a und S_e am Umfang
der beiden Laufradhälften ist
für ein Pendelringgetriebe leicht
bestimmbar; willkürliche Annahmen, die bei einem gewöhnlichen Umströmgetriebe gemacht

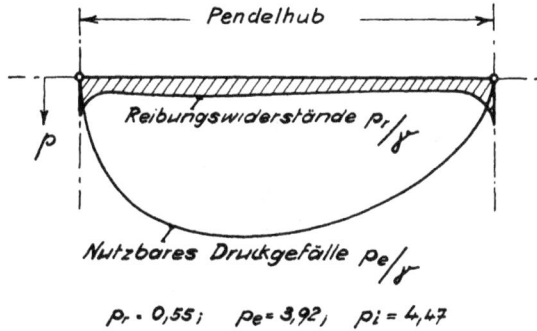

Abb. 29. Verlauf der Druckgefälle über einem Pendelhub.

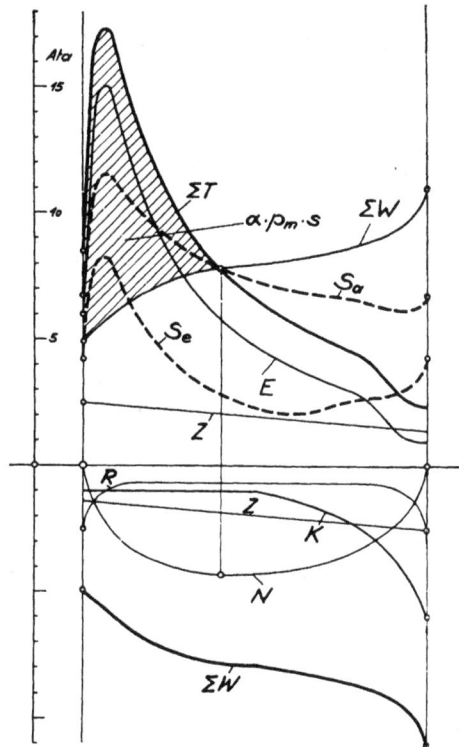

Abb. 30. P-V-Diagramm des Pendelringgetriebes.

Stauber, Gasmaschine. 4

werden müssen, können hier entfallen. In der Abb. 30 ist dieser Spalt-
druckverlauf dargestellt. Da die schwingende Masse eines Doppelkolbens
beim Pendeln unverändert bleibt, da Ein- und Ausschwingen in gegen-
seitigem Zwangszusammenhang und mit gleicher Dauer erfolgen, da der
zugehörige Größenverlauf der beiderseitigen Gas- und Schleuderdrücke E, K und Z genau bekannt ist und da endlich die beim Pendelhub
entzogenen Pressungen einer gesamten Hubarbeit entsprechen, die der
Differenz von Expansionsarbeit und Verdichtungsarbeit gleich ist, so
läßt sich graphisch der Verlauf der auf den Doppelkolben wirkenden
beschleunigenden und verzögernden Drücke derart ermitteln, daß zum
Nullwert dieser Beschleunigungskräfte der größte Wert der entzogenen
Pressung gehört. Der Linienzug der Beschleunigungsdrücke ist zugleich
die Abbildung des Verlaufs der dem Doppelkolben erteilten Beschleunigungen. Nach Ermittlung dieser Massendrücke sind die Spaltdrücke am
Umfang des Leitrings, d. h. in einer bestimmten Schicht des einzelnen
Doppelkolbens, leicht festzustellen; ihre Differenz von der einen zur
andern Leitringseite ist für jeden einzelnen Leitkanal identisch mit der
an dieser Stelle des Leitringumfangs zu entziehenden Pressung, deren
Größenverlauf in der Abb. 29 angegeben war. Aus dem Pendeldiagramm
können also alle zur Berechnung des Pendelringgetriebes erforderlichen
Unterlagen entnommen werden.

Eine weitere Eigenart des Pendelrings ist für das Anlassen und für
die Regelung einer mit ihm versehenen Zellenrad-Wasserkolbenmaschine
von grundsätzlicher Bedeutung. Beim Anlassen wird das mit geringer
Drehzahl von außen her angetriebene Doppelrad aus besonderen, im
Leitring vorgesehenen Bohrungen mit Wasser gefüllt, das unter der
Schleuderwirkung des Läufers einen Ring bildet, der sofort geringe Hub-
bewegungen in den Radzellen ausführt. Kommen nun Druckwirkungen
auf die beiderseitigen Wasserspiegel hinzu und verstärkt man diese
Druckwirkungen allmählich, dann müssen die Kolbenhübe immer
größer und größer werden, mit ihnen zugleich die Pendelgeschwindigkeiten, und die positive Beaufschlagung der Laufschaufeln erzeugt zunehmende Drehmomente, die bei hinreichender Größe die Maschine von
ihrem Antriebsmotor frei machen. Der Läufer nimmt im Leerlauf ganz
von selbst jeweilig diejenige Drehzahl an, in welcher der Überschuß der
Gasarbeit durch innere und äußere Widerstände eben aufgezehrt wird
und in welcher die Hubzeit des einzelnen Doppelkolbens eben der Dreh-
zeit der Laufschaufeln zwischen zwei Umschaltstellen des Leitrings entspricht. Ist nämlich ein Doppelkolben als Einzelelement etwa schon
vor dem Erreichen der nächsten Umschaltstelle des Leitrings völlig durch
diesen hindurchgeschwungen, so kann er doch nicht vorzeitig mit dem
Zurückschwingen beginnen, denn die Form der Leitkanäle, an denen er
noch vorüberziehen muß, wirkt sperrend auf seine beiden Hälften. In
diesem Fall besteht ein Energieüberschuß auf seiten der Expansions-

räume als Ursache des relativ zu schnellen Ausschwingens des Doppelkolbens; er verstärkt die Strömungsgeschwindigkeit über den zu der jeweiligen Umfangsgeschwindigkeit gehörenden Normalwert, und die Maschine muß sich infolgedessen beschleunigen und von selbst eine höhere
Drehzahl annehmen, in welcher die Hubzeit des Doppelkolbens eben
seinem Weg zwischen zwei Umschaltstellen des Leitrings entspricht.
Würde umgekehrt ein Doppelkolben beim Erreichen der Umschaltstelle
noch nicht mit dem zu einer bestimmten Drehzahl im Leerlauf gehörenden
Hub durch den Leitring hindurchgeschwungen sein, weil seine Expansionsarbeit etwa nicht ausgereicht hat, um die dazu erforderliche Pendelgeschwindigkeit zu erzeugen, dann müßte dieser Energiemangel dazu-
führen, durch falsche Beaufschlagung den Läufer zu bremsen, bis dessen
verkleinerte Drehzahl der zu kleinen Gasarbeit wieder entspricht. Hat
sich die Maschine im Leerlauf mit zunehmenden Gasarbeiten von ihrer
Antriebsmaschine freigemacht und die Betriebsdrehzahl erreicht, so gelangt sie in den Einflußbereich des Reglers. Sie hat dabei einen gewissen
Kolbenhub angenommen, der sich bei weiter zunehmenden, vom Regler
beherrschten Triebarbeiten unter Einhaltung der Drehzahl von selbst
noch weiter vergrößert, um endlich bei der Höchstbelastung seinen
Höchstwert zu erreichen. Besondere Vorkehrungen, um im Leerlauf oder
im Belastungsbereich die Schwingungsdauer eines Doppelkolbens in
Übereinstimmung mit der Umfangsgeschwindigkeit zu bringen, sind somit beim Pendelringgetriebe nicht erforderlich. Das Zwangsverhält-
nis zwischen der Pendelzeit eines Doppelkolbens und seiner
Umschaltung im Leitring liefert auch einfache Rechnungsgrundlagen für eine Pendelringgasmaschine; sie werden nachfolgend entwickelt.

Unter der Voraussetzung der gleichen vereinfachenden Annahmen,
die bei der Durchrechnung der Humphrey-Pumpe und bei der Erörterung
des Umströmgetriebes gemacht worden sind und mit ähnlichen Bezeichnungen wie dort ergeben sich für die Pendelringmaschine zunächst die
im Interesse völliger Spritzsicherheit erforderlichen Längen des Doppelkolbens; dabei tritt an die Stelle des Austrittsquerschnitts F_a des Förderrohrs einer Humphrey-Pumpe der am Leitring anliegende Meridianquerschnitt F_n eines Doppelkolbens. Es wird[1])

$$L = g/\gamma \cdot \sigma \cdot P \cdot \frac{F_n}{F_o} \cdot \frac{1}{R_i\,\omega^2 \cdot (F_n/F)_m}\,;$$

und

$$\sigma = \gamma/g \cdot L/P \cdot R_i\,\omega^2 \cdot F_o/F_n \cdot (F_n/F)_m.$$

Da für den Doppelkolben die Zeit für das Ausschwingen aus dem einen
Rad identisch ist mit der Zeit für das Einschwingen in das Nebenrad,

---

[1]) Siehe auch »Der Pendelring der Stauber-Turbine« Stodola-Festschrift,
Orell-Füßli-Verlag, Zürich 1929, S. 558 ff.

so wird nach Festlegung der Zahl von Umschaltstellen die Pendelzeit des Kolbens $t = \delta \cdot \dfrac{2\pi}{\omega}$; (Konstante δ aus Zeichnung).

Bezüglich der Wassergeschwindigkeit im Meridianquerschnitt F_n gilt

$$F_1 \cdot s = F_n \cdot (w_n)_m \cdot t;$$

wobei

$$(w_n)_m = \beta \cdot (w_n)_{\max}; \quad \text{(Konstante } \beta \text{ aus Diagramm)}.$$

Bezüglich der Beschleunigungsarbeit des einzelnen Doppelkolbens gilt unter Benützung der aus dem Pendeldiagramm ermittelten Werte

Beschleunigungsarbeit $\quad A = \alpha\, F_1 \cdot s \cdot p_m = \int \gamma/g \cdot F \cdot dL \cdot \dfrac{w_{\max}^2}{2};$

somit auch . . $\quad \alpha\, F_1 \cdot s \cdot p_m = \gamma/2\,g \cdot \dfrac{1}{F_n} \cdot \int \dfrac{F^2}{F} \cdot F_n \cdot (w_{\max})^2 \cdot dL;$

wegen . . . . $\quad F \cdot w_{\max} = F_n \cdot (w_n)_{\max}$

wird . . . . . $\quad \alpha\, F_1 \cdot s \cdot p_m = \gamma/2\,g \cdot \dfrac{F_n^2 \cdot (w_n)_{\max}^2}{F_n} \cdot \int \dfrac{F_n}{F} \cdot dL;$

hieraus . . . . $\quad = \gamma/2\,g \cdot \dfrac{F_n^2 \cdot (w_n)_{\max}^2}{F_n} \cdot (F_n/F)_m \cdot L$

und . . . . $\quad F_n^2 \cdot (w_n)_{\max}^2 = 2\,g/\gamma \cdot \dfrac{F_n \cdot \alpha\, p_m \cdot (F_1 \cdot s)}{(F_n/F)_m \cdot L};$

oder auch . . $\quad F_n \cdot (w_n)_{\max}^2 = 2\,g/\gamma \cdot \dfrac{\alpha \cdot p_m}{(F_n/F)_m \cdot L} \cdot \left(F_n \cdot (w_n)_{\max} \cdot \beta \cdot \delta \cdot \dfrac{2\pi}{\omega} \right);$

somit . . . . $\quad (w_n)_{\max} = 2\,g/\gamma \cdot \dfrac{\alpha \cdot p_m}{(F_n/F)_m \cdot L} \cdot \beta \cdot \delta \cdot \dfrac{2\pi}{\omega};$

und schließlich $\quad (w_n)_{\max} = \dfrac{4\pi \cdot g}{\gamma} \cdot \alpha \cdot \beta \cdot \delta \cdot \dfrac{p_m}{(F_n/F)_m \cdot L \cdot \omega};$

ferner ist . . . $\quad s = F_n/F_1 \cdot \beta \cdot \delta \cdot \dfrac{2\pi}{\omega} \cdot (w_n)_{\max}$

und . . . . . $\quad s = F_n/F_1 \cdot \beta \cdot \delta \cdot \dfrac{2\pi}{\omega}\,\dfrac{4\pi g}{\gamma} \cdot \alpha\,\beta\,\delta \cdot \dfrac{p_m}{(F_n/F)_m \cdot L\,\omega};$

oder . . . . . $\quad s \cdot \omega^2 = 8\,\pi^2 \cdot g/\gamma \cdot \beta^2 \cdot \delta^2 \cdot \dfrac{\alpha\, p_m}{F_1/F_n \cdot (F_n/F)_m \cdot L}.$

Die Beziehungen für den Kolbenhub bestätigen die vorher erörterten Eigenarten des Pendelrings bezüglich seiner Selbsterregung beim Anlassen der Maschine, seiner Selbsteinstellung auf Drehzahl im Leerlauf und bezüglich der Veränderung seiner Spiegelhübe im Regelbereich. Zugleich lassen sie ein wichtiges Gesetz erkennen, das bei den Versuchen mit Pendelringmaschinen eine wichtige Rolle gespielt hat; es lautet:

1. die Hubleistung des Pendelringdoppelkolbens bestimmt dessen Hubgröße in Abhängigkeit von der Drehzahl;

2. zum Freiwerden vom äußeren Antrieb muß die Maschine aus kleinsten Anfängen wachsende Kolbenhübe und wachsende Winkelgeschwindigkeiten entwickeln; das kann sie nur durch zunehmende Werte des »Pendelfaktors« $\alpha \cdot p_m$;

3. zur Abgabe von zunehmender Leistung im Regelbereich muß die Maschine ihre Kolbenhübe unter Beibehaltung der Drehzahl weiter vergrößern; das kann sie nur mit noch weiter steigenden Werten des Pendelfaktors $\alpha \, p_m$;

4. der niedrigste Wert des Pendelfaktors $\alpha \cdot p_m$ muß in der Anlaßdrehzahl von einem »Leistungsfaktor« $P_i \cdot s$ begleitet sein, der zur Überwindung der äußeren und inneren Widerstände von Läufer und Pendelring ausreicht, sonst kann sich die Maschine nicht freimachen.

Die vorerwähnten Rechnungsgrundlagen eines Pendelringgetriebes gelten zwar nur für Elementarschichten kleinster Dicke mit wirbelloser Strömung und können vor der strengen Theorie nur bei großer Nachsicht bestehen; sie haben aber den Vorzug der Einfachheit und ermöglichen zunächst einmal eine Übersicht über einen bis dahin ganz ungewohnten Arbeitsvorgang, der Pendelströmungen mit stationären Strömungen kuppelt. Deshalb konnte sich auch ein Konsortium deutscher Maschinenfabriken unter der Führung von Klingenberg-AEG[1]) nach Prüfung des gesamten Fragenkomplexes durch eine Anzahl von Spezialkonstrukteuren aus den Gebieten des Humphreypumpenbaues, des Schleuderpumpenbaues und des Dampfturbinenbaues zu einem großzügigen Versuch entschließen, diese neue Form einer Gasmaschine zu entwickeln, obwohl es unter den Beteiligten nicht an Stimmen fehlte, die eine Wasserkolbenmaschine im voraus verneinten. Zunächst wurde von solcher Seite her erklärt, daß eine Maschine mit Wasserkolben überhaupt keine positive Arbeit leisten könne, denn die Explosion eines Gemisches über einer Wasserfläche müsse die gleiche zerstörende Wirkung haben wie der Schlag mit einem Brett; der eifrige Warner wußte noch nicht, daß technische Gas-Luft-Gemische im allgemeinen nicht »explodieren«, sondern mit einer Geschwindigkeit abbrennen, die wesentlich kleiner ist als die Schallgeschwindigkeit, mit welcher dauernd ein Druckausgleich im Brennraum erfolgt. Ein anderer Fachmann hielt umgekehrt die Brenngeschwindigkeit eines Gasgemisches nicht einmal für hinreichend, um in einem raschlaufenden Zellenrad das rechtzeitige Abbrennen der Zellenladung während des Spiegelhubs zu gewährleisten; ihm war noch nicht bekannt, daß verdichtete und im Zustand scharfer Wirbelung entflammte Gemische mit Brenngeschwindigkeiten von mehr als 15 m/s abbrennen, und daß Holzwarth in den Brennräumen seiner Gasturbine noch viel höhere Werte erzielt hat. Ein dritter Fachmann sagte voraus, daß die Wasserkolben der neuen Maschine sich bei deren hoher

---

[1]) AEG; MAN; SSW; Krupp.

Umlaufzahl zu Schaum zerschlagen müßten; ihm war sogar das Ähnlichkeitsgesetz für den Schluß von der Erdbeschleunigung auf die
Schleuderbeschleunigung nicht geläufig. Ein vierter bezweifelte die
Möglichkeit, mit Zündkerzen zünden zu können, die beim Abstellen
der Wasserkolbenmaschine notwendigerweise ins Wasser geraten und
beim Anlassen noch naß sind; ihm mußte erst erklärt werden, daß es
Isolatoren gibt, denen eine Abschreckung durch Wasser nichts anhaben
kann und daß jede Strombrücke durchschlagen werden kann, eine
Wasserbrücke ebenso wie der Faden in einer Sicherungslamelle. Auch
die Wärmeverluste aus den Arbeitsgasen an die Zellenwände und an
die Wasserkolben hat man als unerträglich hoch bezeichnet und dabei
auf die ungewohnt langen und niedrigen Brennräume der neuen Maschine
hingewiesen; man wollte nicht gelten lassen, daß auch für Wasserkolbengasmaschinen die gesamte durch Berührung und Strahlung entstehende
schädliche Heizwirkung der Feuergase gegenüber den Wänden in einem
Schnelläufer geringer sein muß als in einem Langsamläufer von gleicher
Leistung. Und schließlich glaubte man voraussagen zu dürfen, daß die
Arbeitsverluste durch Reibung für den Pendelring selbst und für seinen
Läufer innerhalb des ihn im Gehäuse umgebenden Wassers so groß werden würden, daß kein brauchbarer mechanischer Wirkungsgrad der Maschine entstehen könne. Von allen diesen Einwänden war nur der letzt-
genannte ernst zu nehmen; er ließ sich aber damals noch nicht zahlenmäßig belegen. Tatsache ist, daß die Wasserreibung der Pendelringmaschine im Anfang unterschätzt worden ist; doch durfte
man erwarten, wenn schon die Rechnung in dieser Beziehung versagte,
durch den praktischen Versuch geeignete Mittel zu finden, um die Reibungsverluste zu verringern. Der Forschungsfreudigkeit Klingenbergs ist es zu verdanken, daß es trotz der vielerlei Bedenken seiner
Kollegen zum praktischen
Versuch kam.

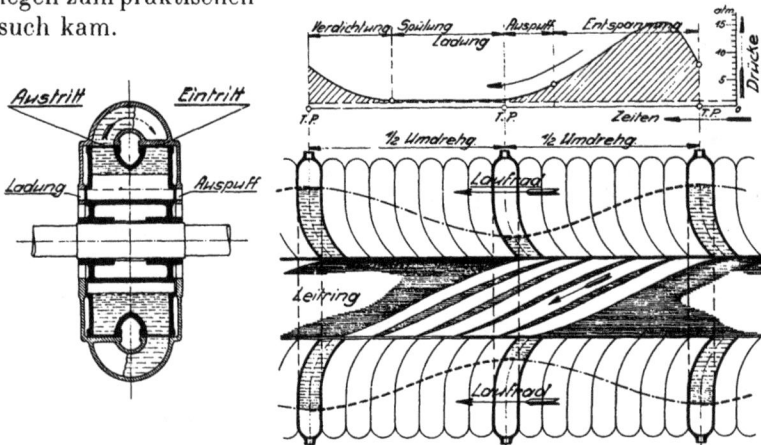

Abb. 31. Strömungsschema der ersten ausgeführten Pendelring-Gasmaschine.

Die erste Ausführung der Pendelringturbine vom Jahr 1920 entsprach dem Strömungsschema der Abb. 31; aus diesem ist das charakteristische Zusammenarbeiten von Doppelkolben konstanter Masse ersichtlich und zugleich eine weitere Eigenart. Ungewöhnlich lange Leitkanäle erstreckten sich von Umschaltestelle zu Umschaltestelle der Doppelkolben; dadurch wurde es möglich, die Brennräume von je zwei einander axial gegenüberstehenden Radzellen der beiden Läuferhälften zu vereinigen und den derart vereinigten Doppelraum axial zu spülen.

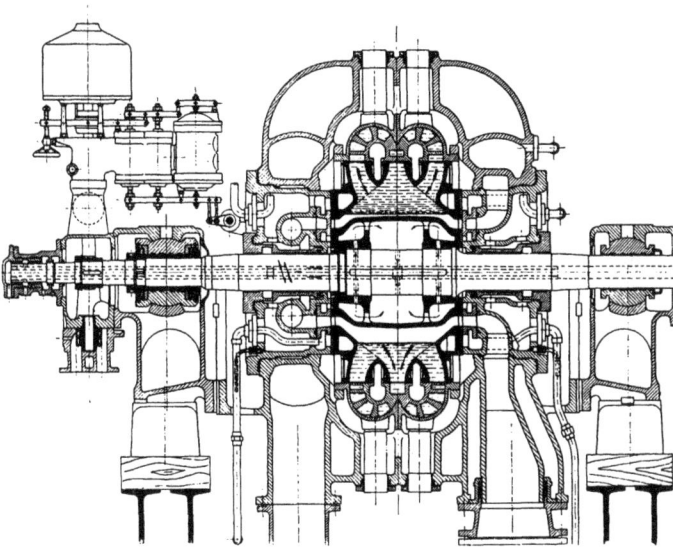

Abb. 32 und 33. Längsschnitt und Lichtbild von Turbine I.

Letzteres schien besonders erstrebenswert wegen der Schonung der Wasserspiegel von seiten des Spülstroms, denn die Schleuderwirkung vermag wohl deren spritzsichere Hubbewegung zu gewährleisten, nicht aber ihre Intaktheit, wenn sie von einem schräggerichteten Spülstrom getroffen werden. Nach diesem Schema gehören eigentlich zu jedem Brennraum zwei getrennte Schaufelsysteme; die eine Schaufelreihe würde das Wasser an den Leitring abliefern, die andere es nach einer halben Umdrehung zurückerhalten. Das hätte aber zweifellos zu bedenklichen Längsschwingungen der Wasserspiegel geführt. Um auch diese zu vermeiden und den einzelnen Wasserspiegel möglichst wenig zu beunruhigen, wurde der Wiedereintritt des Wassers in den einzelnen Doppelbrennraum symmetrisch zum Austritt angeordnet, d. h. der Läufer erhielt, wie aus den Abb. 32 und 33 erkennbar ist, drei Schaufelkränze und zwei Leitringe. Er war an seiner gesamten Außenfläche von Wasser umgeben und lief völlig abgeschlossen innerhalb eines Gehäuses, das mit Rücksicht auf die Gefahr von Zufallszündungen ungewöhnlich kräftig gebaut und mit starken Deckeln versehen war, in welchen die Steuerschlitze und die Rohranschlüsse angeordnet wurden. Bei der Abdichtung dieser Deckel gegenüber Läufer und Welle versuchte man zunächst ohne elastische Dichtungsteile auszukommen, weil man von diesen mit Recht eine erhebliche Komplikation befürchtete. Auch zwischen Rad und Leitring war ursprünglich keine besondere Abdichtung nach außen vorgesehen, man begnügte sich mit einem kleinstmöglichen Spalt. Mit dieser ersten Pendelringmaschine wurden in den Jahren 1922 und 1923 zunächst Vorversuche mit Druckluft durchgeführt, und zwar mit verschiedenen Dreh-

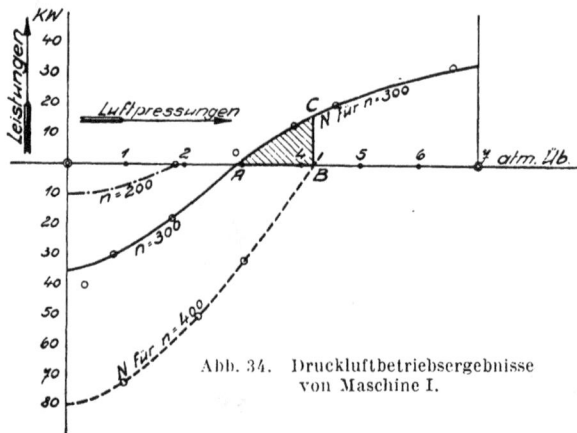

Abb. 34. Druckluftbetriebsergebnisse von Maschine I.

zahlen und Luftdrücken. Die Ergebnisse dieser Versuche sind in Abb. 34 dargestellt. Wie kaum anders zu erwarten war, wurde die Richtigkeit der Rechnungsgrundlagen für die Pendelströmung, d. h. die Betriebsfähigkeit des Pendelrings sofort bestätigt. Es erwies sich als möglich, die

Maschine mit geringen Umlaufzahlen vom äußeren Antrieb freizumachen; dazu war ein bestimmter Luftdruck erforderlich. Wurden der Turbine im Leerlauf höhere Luftpressungen gegeben, so steigerte sie von selbst ihre Drehzahl bis zur Erreichung eines neuen Gleichgewichtszustands. Wurde sie bei zunehmenden Luftdrücken in ihrer Drehzahl festgehalten, so gab sie überschüssige Energie an die Welle ab. Somit waren sämtliche Hoffnungen hinsichtlich der Selbsterregung und der Regelfähigkeit des Pendelrings erfüllt; es war erstmals gelungen, eine Maschine mit umlaufenden Wasserkolben zum Freilauf und zur Energieabgabe zu bringen. Eine grundsätzliche neue Maschinenart hatte zur Freude Klingenbergs, ihres hauptsächlichsten Förderers, das Licht der Welt erblickt.

Allerdings war der Luftverbrauch bei diesen Vorversuchen sehr hoch und die Maschine verlor sehr rasch ihre Wasserfüllung in den Auspuff, in welchen die austretende Luft so viel Wasser mitnahm, daß scheinbar diejenigen Recht behalten hatten, die das Auflösen der Wasserkolben in Schaum und Gischt als unvermeidbar vorausgesagt hatten. In Wirklichkeit war das Austreten von Wasser in den Auspuff in erster Linie die Folge der ungenügenden Abdichtung des Läufers gegenüber dem Leitring und den seitlichen Steuerdeckeln. Wie aus der Abb. 35 ersichtlich ist, besaß der Läufer seitlich nur Labyrinthabdichtung gegenüber den Steuerdeckeln; an diesen Stellen bestanden also Spalte, durch welche die Luft tangential

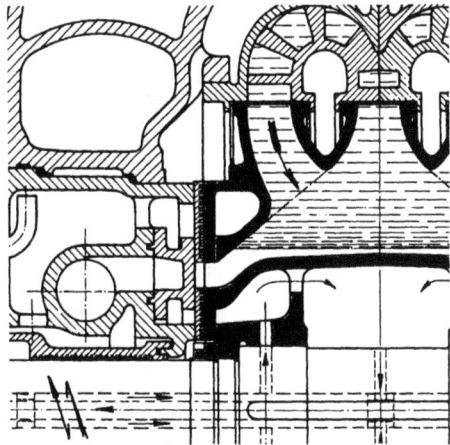

Abb. 35. Steuerdeckel von Turbine I.

von Zellen höheren zu solchen niedrigeren Drucks abströmen konnte. Damit erklärte sich der beobachtete hohe Luftverbrauch. Der Läufer war aber auch gegenüber dem Leitring nicht dicht; durch die Leitringspalte trat also Wasser ungehindert in den Raum zwischen Gehäuse und Läufer und zwängte sich von da aus durch die Deckelspalte in den Auspuff. Das führte zu dem beobachteten raschen Absinken des Wasserinhalts des Läufers, für dessen Beobachtung und Einhaltung nichts vorgesehen war. Auch die zum Freilauf in gesteigerten Drehzahlen erforderlichen Luftdrücke waren sehr hoch, und das war zweifellos in unerwartet hohen Reibungsverlusten des Läufers innerhalb des Gehäuses und in zu hohen Pendelverlusten der Doppelkolben begründet. An die letzteren dachte man zuerst. Die Leitkanäle hatten, um den Vorteil der axialen Vereinigung der Gasarbeitsräume in beiden Radhälften zu gewinnen, offenbar eine zu große Länge erhalten. In der Abb. 36 ist dieser Zwillingsleitring wiedergegeben. Er zeigt die von seiner Mitte ausgehenden, sich teilenden und nach verschiedenen Seiten schraubenförmig verwundenen Leitkanäle, deren Form und Länge erhebliche

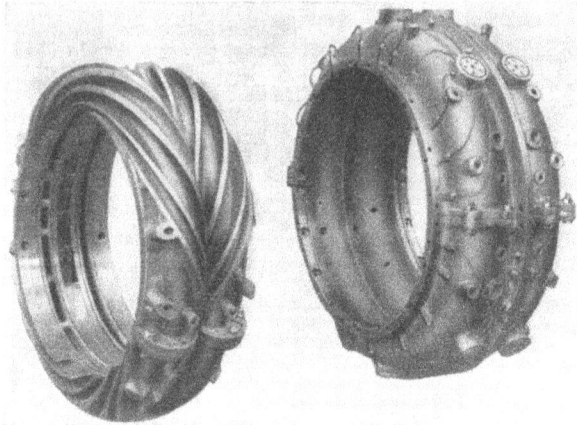

Abb. 36. Leitring von Turbine I.

Energieverluste für das mit hoher Geschwindigkeit strömende Wasser ergeben mußten; die Vereinigung der beiderseitigen Arbeitsräume im Doppelrad war zu teuer erkauft. Sauberste Werkstättenarbeit hatte zwar das Kunststück dieses Leitrings und seiner Schale zustande gebracht, aber es war nicht zu bestreiten, daß die Maschine in dieser Form eine peinliche Ähnlichkeit mit einer Wasserbremse erhalten hatte. Die Befriedigung über den trotzdem erzielten Freilauf der Maschine überwog indessen zunächst alle Bedenken; man entschloß sich, vor einem gänzlichen Umbau von Läufer und Leitring noch weitere Erfahrungen gastechnischer und baulicher Art abzuwarten, vorläufig nur die Abdichtungen des Läufers zu verbessern und dann zum Betrieb mit Verpuffungen überzugehen.

Für die neuen Versuche mit Leuchtgasgemischen erhielten demgemäß die beiden Leitringhälften bis an die Steuerdeckel heranreichende Abschlußscheiben, um die Wasserverluste in

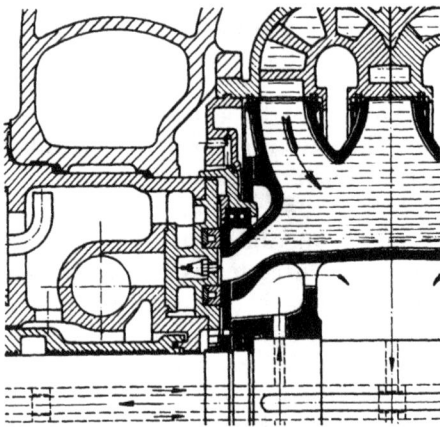

Abb. 37. Deckel mit seitlich angepreßten Steuerringen an Turbine I.

den Auspuff künftig zu verhindern und die beiderseitigen Gehäusedeckel
wurden mit mehrteiligen, elastisch angepreßten Dichtungsringen versehen, zwischen denen sich die Steuerschlitze befanden. Diese Abände-
rungen sind in der Abb. 37 zu erkennen. Sie waren eigentlich nur Not-
konstruktionen, denn sie entsprachen keineswegs dem Ziel der äußersten
Einfachheit und Betriebssicherheit. Da solche Steuerringe auf ihrem Umfang verschieden hohe Drücke abzudichten haben und doch nirgends stärker als erforderlich aufliegen dürfen, wird eine vielteilige Federbelastung
erforderlich. Die einzelnen Ringteile müssen gegenseitig beweglich sein
und durchlaufende Kühlung erhalten; dadurch werden sehr viele innen-
liegende Dichtungen nötig, die vollkommen unzugänglich sind. Die
ebene Ringfläche muß ferner zuverlässig geschmiert werden; die Bildung eines Schmierfilms wird aber durch die Steuerschlitze erschwert,
an deren Kanten sich das Öl abstreift.

Die gleichen Steuerringe trugen überdies Zündkerzen in Muschelräumen, die sich über mehrere Zellenbreiten erstreckten. Die Kerzen
waren als Glühzünder gedacht, und die einzelnen Brennkammern des
Läufers sollten beim Vorüberziehen vor den Muschelräumen aus diesen
heraus entflammt werden und mit ihrer Hilfe eine Zeitlang in gegenseitiger Verbindung bleiben. Man hatte gehofft, daß nach dem erst-
maligen Entflammen einer Zellenladung die nachfolgenden Radzellen
sich im Bereich der Zündmuschel durch Überströmen brennender Gemischteile gegenseitig weiterzünden würden, und man konnte sehr wohl
zu dieser Auffassung kommen, wenn man sich an die bekannte Wirkung
der gesteuerten Glührohre erinnerte, die einen Feuerstrahl in den Zy-
linderraum von Kleingasmaschinen zurückschlagen ließen. Diese Erwartung wurde jedoch nicht erfüllt. Zwar ließen die Versuche mit Gas-
gemischen erkennen, daß auch ein rasch umlaufender Brennraum von
den Steuerschlitzen aus in normaler Weise gespült und geladen werden
kann, und daß es auch möglich ist, eine einzelne Radzelle von einer Zündmuschel aus zu entflammen, sofern das brennbare Gemisch an die Glühkerze zu gelangen vermag, aber die erwartete Fortpflanzung der Zündung von Zelle zu Zelle über die gemeinschaftliche Muschel hinweg fand
nicht statt. Der einzelnen mit verdichtetem Gemisch an die Zündmuschel heranrückenden Zelle strömten wohl, sobald sie in den Bereich
der Muschel kam, Verbrennungsgase von höherem Druck entgegen; diese
waren aber vermutlich an den Muschelwänden und Zellenwänden so
stark abgekühlt, daß sie nach der Expansion in das Druckgebiet der neu-
ankommenden Ladung nicht mehr zu zünden vermochten. Sie ver-
hinderten lediglich die Berührung der Zündstelle von seiten der ankommenden frischen Gemischteile. Die Zündungen erloschen also immer
wieder, und traten periodisch erst dann wieder ein, wenn der Muschel-
raum nach einer Reihe von Aussetzern den Verdichtungsdruck angenommen hatte und frisches Gemisch Gelegenheit erhielt, die Glühkerze

zu berühren. Überdies waren die Zündungen, wenn sie wirklich auftraten, von nur sehr mäßigen Drucksteigerungen begleitet, selbst bei Verwendung von scharfen Gemischen — kurz, die gleiche Maschine, die sich mit Druckluft sofort vom äußeren Antrieb freimachen konnte und belasten ließ, versagte im Verpuffungsbetrieb vollkommen.

Es wäre jetzt am Platz gewesen, dieser unerwarteten Erscheinung sofort nachzugehen und zu untersuchen, worin sich etwa die Anlaßbedingungen des Verpuffungsbetriebs von denjenigen des Druckluftbetriebs grundsätzlich unterscheiden; tatsächlich besteht ein solcher Unterschied. Beim Druckluftbetriebe entstehen unter allen Umständen mit zunehmenden Luftdrücken auch reichlich hohe und rasch zunehmende Werte des »Pendelfaktors« $\alpha\, p_m$; nach der Beziehung:

$$s \cdot \omega^2 = \Re \cdot \alpha\, p_m, \text{ (wobei } \Re \text{ eine Getriebkonstante)}$$

steigen mit dem Pendelfaktor Kolbenhub und Winkelgeschwindigkeit des Läufers. Bei einem bestimmten, ebenfalls wachsenden Wert des »Leistungsfaktor« $P_i \cdot s$, der den gesamten inneren und äußeren Widerständen der Maschine entspricht, macht diese sich vom Antrieb frei und beschleunigt sich bis zur Erreichung der normalen Drehzahl, sofern nur der nötige Luftdruck zur Verfügung steht. Ein Versagen ist dabei völlig ausgeschlossen.

Beim Verpuffungsbetrieb gehört es aber zu den Eigenarten des Pendelrings, daß die ersten Zündungen aus unverdichtetem und zugleich relativ schwächstem Gemisch erfolgen müssen; letzteres deshalb, weil im Bereich der Erregung bis zum Leerlauf, und der Regelung bis zur Vollbelastung das Gemisch verstärkbar bleiben muß. Eine andere Einwirkung des Reglers als diejenige auf die Gemischstärke ist ausgeschlossen. Aus dem relativ schwächsten unverdichteten Gemisch muß die Verpuffungsmaschine den gleichen Leistungsfaktor entwickeln können, wie die Druckluftmaschine, und wie hoch dieser sein muß, um den Läufer zuerst vom Antrieb freizumachen, war durch den Modellversuch mit Druckluft festgestellt. Es handelt sich also bei der Pendelringmaschine um zwei Vorbedingungen, die unbedingt erfüllt sein müssen, wenn sie beim Verpuffungsbetrieb nicht versagen soll:

1. die Brennräume des Läufers müssen gegenseitig und nach außen zuverlässig abgedichtet sein, damit auch bei den anfänglich kleinen Kolbenhüben hinreichend hohe Gasarbeiten fühlbar werden können, welche die zur Überwindung der Pendelwiderstände erforderlichen Pendelfaktoren $x\, p_m$ zu liefern vermögen;
2. die äußeren Reibungsverluste des Läufers müssen auf das kleinstmögliche heruntergedrückt werden, damit die aus Gemischen von atmosphärischem Druck entwickelbaren niedrigen Leistungsfaktoren $P_i \cdot s$ hinreichen, um sie zu überwinden.

Hierin liegt der erwähnte Unterschied zwischen den Anlaßbedingungen für Druckluftbetrieb und für Verpuffungsbetriebe. Die Maschine kam auch mit undichten Gasräumen im Druckluftbetrieb zum Freilauf, weil sich ihre Arbeitsdrücke beliebig steigern ließen; im Verpuffungsbetrieb nicht, weil die aus unverdichteten Gemischen entwickelbaren Gasarbeiten nicht hinreichten, um dem Pendelring zunehmende Ausschläge zu verleihen. Derartige Erwägungen sind aber damals noch nicht angestellt worden, als die erste Pendelringmaschine im Verpuffungsbetrieb nicht hielt, was ihr Druckluftbetrieb versprochen hatte, sonst wäre wohl sogleich versucht worden, den Läufer an den Gehäusedeckeln und am Leitring so vollkommen zu dichten, daß er in Luft anstatt in Wasser umlaufen konnte. Man hat nur eine Nebenerscheinung zu bekämpfen versucht, die zwar ebenfalls sehr lästig war, die aber keine grundsätzliche Bedeutung hatte. Das waren die geringen Drucksteigerungen bei der Verpuffung; sie waren niedriger als diejenigen, die in älteren Gasmaschinen aus unverdichtetem Gemisch erzielt worden waren. Man fand damals keine andere Erklärung dafür als eine mißlungene Gestaltung von Läufer und Leitring. Das in zwei örtlich getrennten Strömen in eine jede Radzelle zurückschwingende Wasser löste sich anscheinend von den Radwänden ab und führte vermutlich zu einer starken Beunruhigung des einzelnen Wasserspiegels, auf den ziemlich steil der Spülstrom und Ladestrom geleitet wurde, beide mit den üblichen hohen Geschwindigkeiten. Da die Beanspruchung des einzelnen Wasserspiegels durch einen über ihn hinwegbrausenden Orkan schräg zur Schleuderwirkung erfolgte, war das Abreißen und Auswerfen von Wasserteilchen in den Auspuff unvermeidlich; der stets beobachtete Austritt von Dampf aus dem Auspuffrohr ließ sich damit erklären. Er wäre an sich unbedenklich gewesen, aber die scharfe Durchwirbelung der Brennräume durch den Ladestrom führte, so nahm man an, auch zur inneren Anfeuchtung des Gemisches durch feinstzerstäubtes Wasser; dabei blieb das Gemisch wohl zündfähig, sofern es an die Zündkerze heranreichen konnte, aber es brannte langsamer und unter Wärmeverlusten an den verdampfenden Wassernebel ab. Als die vordringlichsten Aufgaben erschienen also die Erzielung ruhigerer Wasserspiegel, die Verkleinerung der Pendelverluste im Leitring und die Vermeidung der Aussetzer; darauf beschränkte sich der Umbau der ersten Maschine, zu dem man sich noch entschloß.

Das Charakteristische der ersten Maschine war die Vereinigung der Brennräume in beiden Radhälften; sie war durch die außerordentlich langen Leitkanäle erreicht, die sich über eine ganze Beaufschlagungszone am Leitringumfang erstreckten. Das gleiche Ergebnis läßt sich aber auch erzielen, wenn man die beiderseitigen Laufschaufeln des Doppelrads um eine Beaufschlagungszonenlänge, d. h. um die Entfernung zwischen zwei Umschaltstellen am Leitringumfang verwindet. In der Abb. 38 ist die Abwicklung von Läufer und Leitring der umgebauten Maschine schema-

tisch dargestellt. Die Brennräume der beiden Radhälften *a—a* sind
axial vereinigt, die Leitringzellen kuppeln Wasserkolben von gleich-
bleibender Gesamtmasse, die beiderseitigen Laufschaufeln sind um die
Entfernung zweier Umschaltstellen gegeneinander verwunden. Durch
diese Verwindung war es möglich geworden, das aus einem gemeinsamen
Brennraum ausschwingende Wasser gleichzeitig aus den beiden zugehörigen Schaufelungen austreten und durch die beiden Schaufelungen einer
anderen Doppelzelle gleichzeitig wieder einschwingen zu lassen. Dieses
Strömungsschema eines Pendelrings ist zwar auf den ersten Blick un-

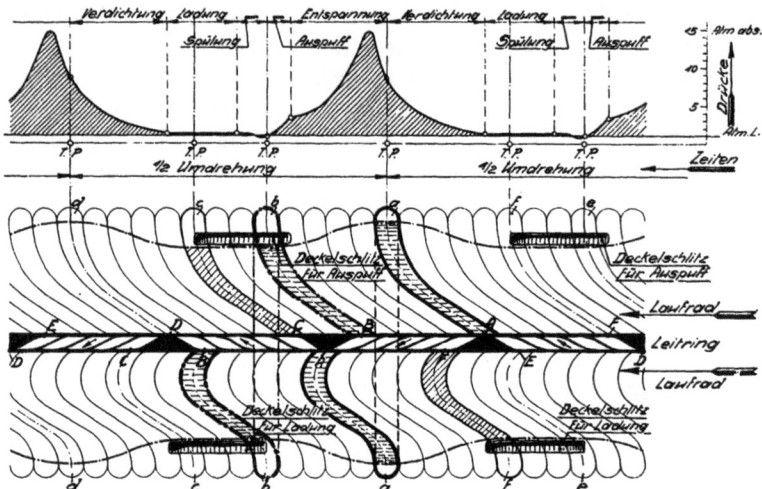

Abb. 38. Pendelringschema der Maschine II.

übersichtlicher geworden als vorher, aber dafür wurden außer einer
gleichmäßigeren Wasserbewegung über die volle Breite eines Wasserspiegels zugleich sehr geringe Leitschaufellängen erzielt, die zusammen
mit einer glatteren äußeren Form des Läufers eine erhebliche Verringe-
rung der Reibungsverluste im Wasser in Aussicht stellten.

Da es beim Zweitaktverfahren nicht unbedingt nötig ist, die Steueröffnungen eines Brennraums außerhalb des Kolbenhubs anzuordnen,
entschloß man sich, in der neuen Maschine die für den Auspuff, Spül-
und Ladevorgang erforderlichen Steuerschlitze genau so wie in gewöhnlichen Kolbenmaschinen in die äußere Hubhälfte zu verlegen. Wie aus
der Abb. 39 zu erkennen ist, brachte das mehrere bauliche Vorteile.
Zunächst bot sich die Möglichkeit, die beiderseits nach außen führenden
Ringspalte zwischen Läufer und Deckel auf dem größten Teil ihres Umfangs unter Wasser zu legen; dadurch ergaben sich für die Kühlung und
Schmierung der zugehörigen Dichtungen günstige Verhältnisse. Zugleich wurden die Brennräume gerade im Bereich ihrer höchsten Innen-

drücke und Innentemperaturen unter Wasserabschluß gehalten, also auf ihrer ganzen inneren Hubhälfte praktisch gasdicht. Weiterhin ermöglichte sich die selbsttätige Einhaltung einer bestimmten Wasserfüllung des Läufers, denn für jede Belastungshöhe blieb das Hubende der Wasserkolben an die Außenkante der Auspuffschlitze gebunden, welche die Rolle eines Überlaufs für etwaigen Wasserüberschuß zu über-

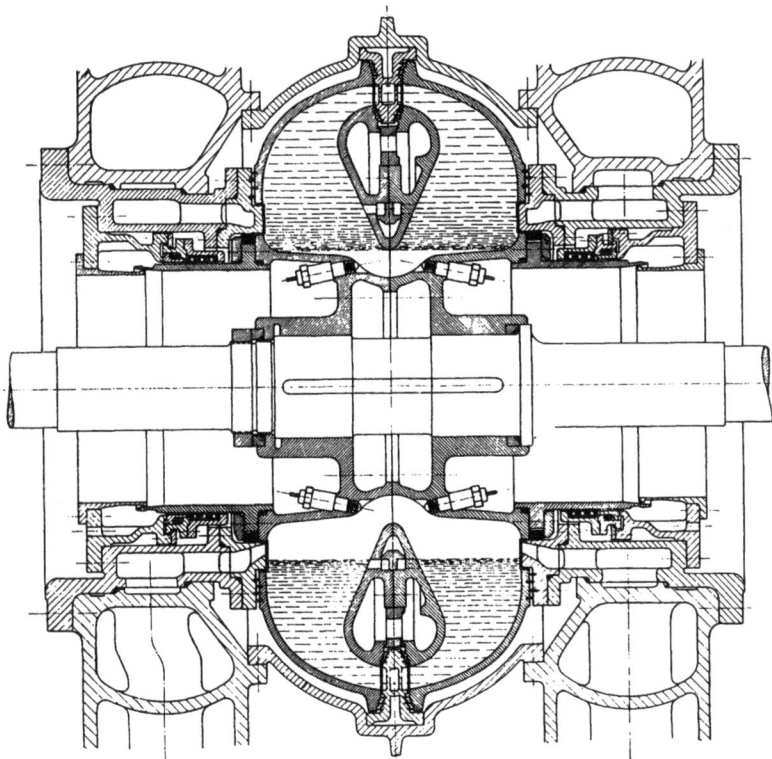

Abb. 39. Längsschnitt von Maschine II.

nehmen vermochten. Endlich konnte der Spül- und Ladestrom bei seinem Eintritt in den Läufer gegen die Zellenwände gerichtet werden, statt gegen die Wasserflächen; das konnte der Trockenhaltung des Gemisches zugute kommen.

Die Zündung der umlaufenden Brennräume aus einer festliegenden Muschel im Deckel wurde aufgegeben; an ihre Stelle trat die Einzelzündung eines jeden Brennraums durch eine mitumlaufende Kerze. Das erschien angesichts der sehr großen Zahl von Kerzen nur dann zulässig, wenn man Einzelkerzen von höchster Bruchsicherheit mit praktisch unzerstörbarer Funkenbildung verwenden konnte. Man versuchte es mit der damals eben in die Öffentlichkeit tretenden Lepel-Zündung.

Der Isolator der Lepel-Kerze bestand aus Steatit, das große Temperatur-
unterschiede verträgt, und der Zündstrom wurde, wie aus der Abb. 40
zu ersehen ist, mit Hilfe eines Schwingungskreises erzeugt. Unter-
brecher, Transformator, Kondensator und Löschfunkenstrecke machten
diese Einrichtung zwar zu einem recht empfindlichen Aggregat, doch erwies sich dafür auch der Zündfunke anfänglich als unverwüstlich.

Zur Abdichtung des Läufers in den nach außen führenden Ringspalten wurde die bekannte Huhnsche Packung benützt, deren Hohl-
ringe nur gegen Wasser abzudichten hatten. Die innere Abdichtung

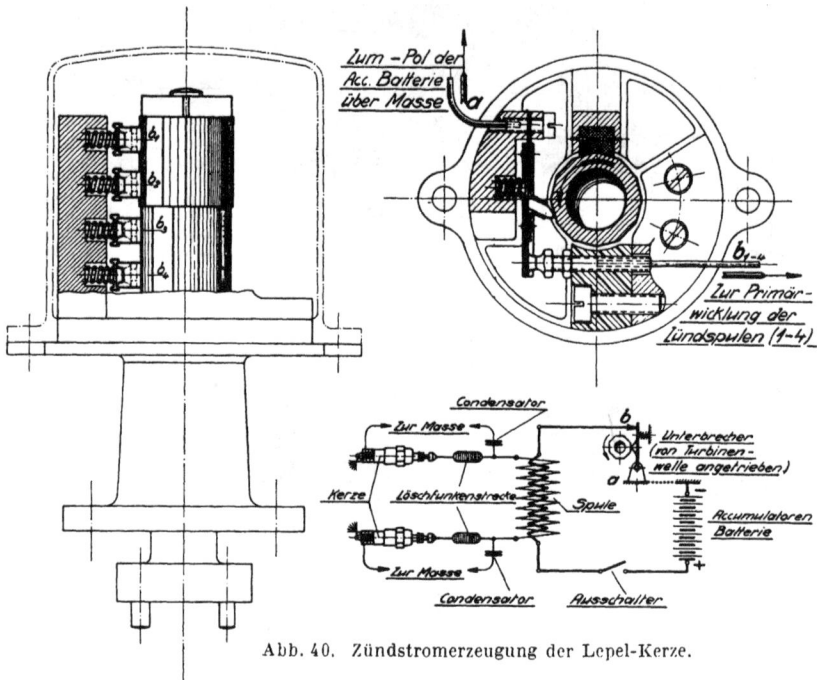

Abb. 40. Zündstromerzeugung der Lepel-Kerze.

des Läufers gegenüber den Deckelflächen und dem Leitring war Laby-
rinthen übertragen, so daß auch der neue Läufer in Wasser umlaufen
mußte und von Brennraum zu Brennraum war in der äußeren Hubhälfte
der Wasserkolben überhaupt keine Abdichtung vorgesehen; an diesen
Stellen führte zu beiden Seiten des Läufers ein wenn auch enger, so
doch freier Spalt von einem Druckgebiet zum andern. Die vielteilige
elastische Abdichtung der Zellenöffnungen durch Steuerringe war somit
wieder verlassen worden, und die Maschine wurde dadurch entschieden
einfacher, aber es erwies sich, daß diese Vereinfachung etwas zu teuer
erkauft worden war.

Auch bezüglich der Gemischbildung blieb es in der Maschine bei
einer Vereinfachung. Die Zusammenführung von Luft und Gas erfolgte

wegen der engen Räume in den Steuerdeckeln nicht erst unmittelbar vor den Brennräumen, sondern in einer erheblichen Entfernung von diesen, so daß mit Gemisch gefüllte Zwischenräume entstanden. Die rasche Aufeinanderfolge der einzelnen Brennräume an den Steuerschlitzen verursacht in den Zuleitungen von Gas und Luft eine praktisch ununterbrochene Strömung mit einer Geschwindigkeit, die wesentlich höher liegt als die Brenngeschwindigkeit des Gemisches; daraus wurde auf die Zulässigkeit einer Art von Gemischbildung geschlossen, die sonst mit Recht verpönt ist, weil sie bei langsamlaufenden Maschinen Rückzündungen bis zur Mischstelle hin ermöglichen würde. Sie waren auch im vorliegenden Fall nicht ausgeschlossen.

Im Frühjahr 1925 war der Umbau der Pendelringgasmaschine abgeschlossen und sie kam in der neuen Form, die in Abb. 41 gezeigt ist, neuerdings in Betrieb, ohne ein wesentlich besseres Ergebnis als zuvor. Wohl war es gelungen, Aussetzer fast gänzlich zu vermeiden, auch waren die äußeren und inneren Reibungsverluste der Maschine fühlbar kleiner geworden,

Abb. 41. Lichtbild von Maschine II.

denn die Maschine kam diesmal ganz nahe an den Freilauf heran und bewies damit grundsätzlich die Möglichkeit der Erregung des Pendelrings durch Verpuffungen. Sie benötigte aber dazu bereits starke Gemische, die sich nicht weiter verschärfen ließen, und ungewöhnlich hohe Spül- und Ladedrücke, obwohl die Ladung bei offenem Auspuff erfolgte. Das lästigste Ergebnis aller Versuche war aber das Zurückschlagen der Zündung in die Gemischleitung, sobald mit scharfen Gemischen gearbeitet wurde; das zwang jedesmal zum sofortigen Stillsetzen der Maschine, und es war offenbar nur dem sehr kräftigen Gehäuse zu verdanken, daß es dabei nicht zu Unfällen gekommen ist.

Die Deutung dieses nochmaligen Mißerfolges wäre leichter geworden, wenn es möglich gewesen wäre, die umlaufenden Brennräume zu indizieren und ihre Wasserspiegel zu beobachten; das war aber nicht der

Fall. So war man also auf Vermutungen angewiesen, die naturgemäß bei den vielen Mitarbeitern stark auseinandergingen. Die nachfolgenden Gründe dürften zutreffend, wenn auch vielleicht nicht erschöpfend sein: Es war noch immer nicht genug geschehen, um die Bewegungswiderstände des Läufers und des Pendelrings zu verkleinern, denn

1. das Turbinenrad war noch immer völlig von Wasser umgeben; dadurch entstanden bei den verhältnismäßig hohen Winkelgeschwindigkeiten, die im Interesse der Spritzsicherheit schon beim Anlassen erforderlich sind, zu große Reibungsverluste an den Außenflächen des Doppelrads;
2. der Leitring hatte einen zu großen Durchmesser gegenüber dem Hubbereich der Wasserspiegel; dadurch ergaben sich zu enge Kanalquerschnitte neben zu hohen Wassergeschwindigkeiten in den Leitkanälen, und somit zu große Pendelwiderstände;
3. die Verwindung der Laufschaufeln um die Länge einer Leitradzone ergab zwar sehr kurze Leitschaufeln, aber dafür in dem einen der beiden Laufräder eine S-förmig gekrümmte Schaufelung, die zweifellos erhebliche Wirbelverluste im Innern der Laufradzellen und Stoßverluste am Leitringspalt verursacht hat.

Es war ferner immer noch nicht genug geschehen, um für das Anlassen mit unverdichteten schwachen Gemischen wenigstens günstige Verpuffungen vorzubereiten, denn:

4. die Auspuffwege in den Steuerdeckeln waren zu eng, und ein hinreichend großer Entspannungsraum in nächster Nähe der Brennräume fehlte völlig; dadurch wurde die Entspannung der Verbrennungsrückstände in den Brennräumen verzögert, die Spülwirkung beeinträchtigt und der Spülwiderstand vergrößert;
5. der Läufer verlor immer noch Wasser über die Leitringspalte und den Gehäuseraum in den durch Labyrinthkanten nicht hinreichend abgedichteten Auspuff. Somit rückte beim Anlassen der Hubbereich der Doppelkolben vermutlich nach außen anstatt nach innen und der Spülstrom vermochte dann die über den Wasserspiegeln liegenden Verbrennungsrückstände nicht mehr genügend zu erfassen. Dadurch wurde die Spülwirkung noch weiter beeinträchtigt, das Fassungsvermögen der Brennräume an frischem Gemisch verringert und das Gemisch überdies durch ein Übermaß von Verbrennungsrückständen verdorben;
6. vor Erreichung der Auspuffschlitze mußte der mit einer Geschwindigkeit von fast 100 m/s durch die Radzellen fegende Spülstrom, auch wenn er vorher gegen die Brennraumwände gerichtet gewesen war, doch notwendigerweise gegen den einzelnen Wasserspiegel gedrängt und vor der Austrittsöffnung einer Radzelle gestaut werden. Durch den dabei aufgerissenen Wasserstaub

wurde das räumlich unvollständig eingeführte Gemisch, dessen Brennfähigkeit durch zuviel Rückstände an sich beeinträchtigt war, noch überdies mit wärmeentziehendem Wassernebel beladen.

Es war endlich verfehlt worden, das Zustandekommen eines hinreichend großen Pendelfaktors αp_m und eines genügenden Leistungsfaktors $P_i \cdot s$ mit Hilfe einer zuverlässigen gegenseitigen Abdichtung der Brennräume zu sichern, denn:

7. durch die Weglassung der zuvor benützten, elastisch an den Läufer angepreßten Steuerringe war die Abdichtung der einzelnen Brennräume unter sich und nach außen sogar schlechter geworden als sie war; für die an sich geringen Kolbenhübe der ersten Verpuffungen, die sich naturgemäß im äußersten Hubbereich der an die Auspuffkante gebundenen Wasserspiegel abspielen müssen, bestand überhaupt keine Abdichtung von Zelle zu Zelle. Hier konnte das Gemisch ungehindert aus höherem in niedrigeres Druckgebiet schon während seiner Verpuffung abströmen und wenn man es verschärfte, um die Verpuffungsdrücke zu vergrößern, dann kam es zu den gefährlichen Rückzündungen in die Gemischleitung.

Mit solchen Einzelfehlern hydraulischer, gastechnischer und konstruktiver Art, zu denen noch weitere hinzugetreten waren, die erst viel später sichtbar wurden, ließen sich damals die ungünstigen Betriebserscheinungen der umgebauten Pendelringgasmaschine wohl erklären, und es war zu erwarten, daß sich auf Grund dieser Erkenntnis bei geduldiger Weiterarbeit bald ein brauchbarer Weg zum Ziel gezeigt hätte. Aber inzwischen hatte die Stauber-Turbinen-Gesellschaft den Tod Klingenbergs zu beklagen und nach dem Verlust dieses opferfreudigen Führers konnten sich die beteiligten vier Großfirmen der deutschen Industrie nicht mehr entschließen, die zur Weiterentwicklung der Wasserkolbengasmaschine erforderlichen Mittel aufzuwenden. Man beschloß, daß diese Maschinenart aussichtslos sei und löste sich auf.

An die Stelle des aufgelösten, für Forschungsarbeiten fast zu vielköpfigen Konsortiums trat nach kurzer Unterbrechung eine Einzelfirma der deutschen Großindustrie, die Maschinenfabrik J. M. Voith in Heidenheim. Dieser Wechsel erwies sich aus zwei Gründen entscheidend günstig. Zunächst ist das Interesse an der Entwicklung einer neuen Wärmekraftmaschine bei einer Firma, die noch keine Wärmekraftmaschinen anderer Systeme baut, größer als sonst. Außerdem kam die Wasserkolbenmaschine nun in die Hände von Konstrukteuren, die es gewohnt waren, bei der Entwicklung einer neuen Bauart nur schrittweise vorzugehen und jedes auftauchende Einzelproblem mit größter Gründlichkeit zu verfolgen.

Die erfahrenen Strömungstechniker des neuen Partners suchten vor allen Dingen einwandfrei festzustellen, warum die früheren Arbeiten der Stauber-Turbinen-Gesellschaft zu keinem Erfolg führen konnten und vermuteten naturgemäß die Ursache dafür in Fehlern hydraulischer Natur. Deshalb wurden zunächst durch Einzelversuche die Reibungswiderstände festgestellt, die sich für ein im Wasser umlaufendes offenes Zellenrad innerhalb glattbearbeiteter Gehäusewände ergeben, denn die Literatur vermochte auf die Frage nach diesen Widerständen keine zuverlässige Antwort zu geben. Die Versuche wurden mit einem kleinen Rad von 320 mm Außendurchmesser durchgeführt, das mit verschiedenen Umlaufzahlen und Kantenabständen gegenüber dem umhüllenden Gehäuse angetrieben wurde; das Ergebnis bestand in folgender Beziehung für die Reibungsarbeit:

$$N_R = \frac{\pi}{75} \cdot \frac{\gamma}{g} \cdot \omega^3 \cdot (r^4)_m \cdot L \cdot C_R, \text{ wobei } C_R = 0{,}003.$$

In dieser Gleichung bedeuten:

ω.... die Winkelgeschwindigkeit des Läufers,

L ... die Länge einer Mantellinie der benetzten Fläche,

r .... die Abstände der Einzelteile dieser Mantellinie vom Drehmittel,

$(r^4)_m$. den Mittelwert ihrer vierten Potenzen über der Mantellinie als Basis.

Es ist anzunehmen, daß der ermittelte Beiwert ($C_R = 0{,}003$) für größere Raddurchmesser sich ändert, und daß sich bei diesen noch etwas günstigere Zahlen ergeben, aber trotzdem stand es nach diesen Vorversuchen bereits fest, daß der Läufer einer Pendelringgasmaschine nicht in Wasser umlaufen darf; ganz abgesehen von den hinzukommenden Widerständen in den Leitkanälen würde allein die Radreibung die Erzielung eines günstigen mechanischen Wirkungsgrads verhindern.

Diese Erkenntnis führte sogleich zur Ausbildung einer neuen Radabdichtung gegenüber dem Gehäuse und dem Leitring, die es ermöglichen sollte, die Radzellen wie bisher durch einen Mantel abzuschließen, diesen jedoch in freier Luft umlaufen zu lassen. Schmierbedürftige Anliegedichtungen kamen dafür angesichts der hohen Umfangsgeschwindigkeiten nicht in Frage; es erschien richtiger, zwischen Läufer, Deckel und Leitring den Wasseraustritt nicht völlig zu verhindern, sondern ihn nur auf einen praktisch belanglosen Betrag zu verringern. Das wäre der Fall bei einem Spalt von wenigen Hunderteln Millimeter, denn das aus solchen Spalten entweichende Wasser würde, bezogen auf die im Hubbereich der Doppelkolben in derselben Zeit arbeitende Wassermenge, wirtschaftlich keine wesentliche Rolle spielen; es könnte sich nur um wenige Prozentanteile handeln, die einen Energieverlust verursachen würden. Allerdings durfte ein solcher Spalt nicht durch beiderseits starre Wände gebildet werden, selbst wenn dies werkstattechnisch zu erreichen ist; vielmehr mußte eine sich selbsttätig auf konstante Spaltbreite einstellende Dichtungsart geschaffen werden, durch welche sowohl eine schädliche Spaltvergrößerung als auch das noch schädlichere metallische Anliegen der beiderseitigen Wände vermieden werden konnte. In der Abb. 42 ist diese Dichtung dargestellt[1]). Sie besteht aus einem hydraulisch belasteten, axial frei beweglichen Ring mit mehreren Dichtungsleisten, der am ruhenden Gehäuseteil festgehalten, gegen Verdrehung gesichert und durch einen Stulp abgedichtet ist. Der Durchmesser der vom Stulp abgedichteten zylindrischen Fläche am Spaltring ist etwas kleiner

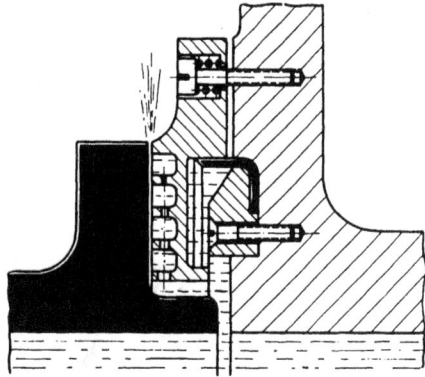

Abb. 42. Selbsttätige Spaltdichtung nach Stauber.

als der Durchmesser der äußersten schmalen Labyrinthleiste auf der anderen Ringseite, die an den Läufer angrenzt, und an welcher der Wasseraustritt ins Freie erfolgt. Auf dieser Ringseite liegen mehrere solcher Labyrinthleisten ineinander; sie endigen alle in der Ebene der äußersten Leiste. Während aber diese keine Durchbrechungen besitzt, sind die inneren Leisten mit kleinen Bohrungen versehen, deren gesamte Durchflußfläche nach außen hin abnimmt. Die innerste Leiste bietet also, wenn sich der Spaltring als Ganzes um einen bestimmten Betrag von der Gegenfläche des Läufers abgehoben hat, dem durchtretenden Wasser eine größere gesamte Durchflußfläche als die äußerste Leiste. Durch diese einfache Maßnahme stellt sich der Ring, auf einem dünnen Wasserfilm schwimmend, selbsttätig auf eine Spaltweite von wenigen Hunderteln Millimeter ein und folgt auch axialen Verschiebungen des Läufers unter Einhaltung der Spaltgröße. Käme es nämlich unbeabsichtigt zu einem metallischen Anlegen des Rings an den Läufer, so würde auf der Durchflußseite der gleiche Wasserdruck wirken wie auf der Stulpseite, an dieser aber auf kleinerer Belastungsfläche; das metallische Anlegen an den Läufer würde also sofort von selbst wieder aufgehoben. Würde andrerseits der Spalt aus irgendeinem Grund zu groß, so ergäbe sich ein dem Außendruck immer näher kommender Mitteldruck auf der Labyrinthseite des Rings, während er von der Stulpseite her durch den unveränderten vollen Innendruck belastet bliebe; der entstehende Überdruck würde demnach den Spalt sogleich wieder verengen. Die Gleich-

[1]) DRP. Stauber, 451079/524515.

gewichtslage des Rings liegt zwischen diesen beiden Grenzfällen und hängt von der Größe der Durchflußflächen auf der innersten Labyrinthleiste ab. Wochenlange Dauerversuche haben die Brauchbarkeit dieser Abdichtungsart bestätigt; der Spaltring ist zwar auf reines Wasser angewiesen, ein solches darf aber in der Wasserkolbenmaschine vorausgesetzt werden. Wesentlich ist, daß diese Dichtung keine Wartung erfordert, und daß die Abnützung der Ringleisten durch den austretenden Wasserfilm bei geeignetem Ringmaterial belanglos bleibt.

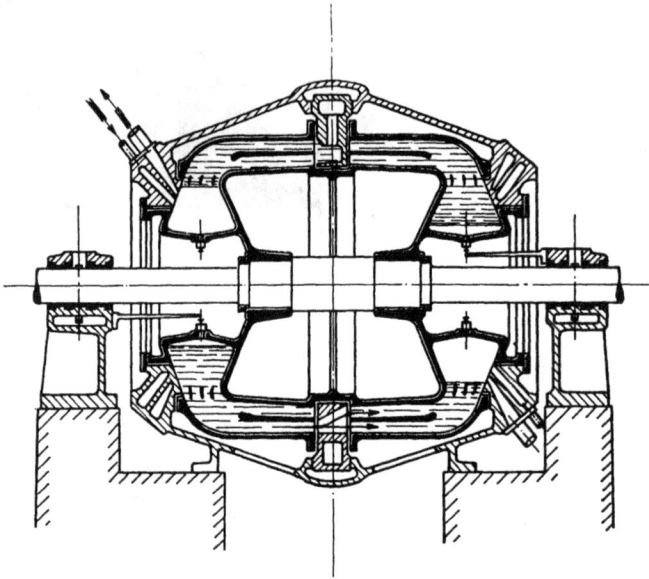

Abb. 43. Läuferschema von Pendelringmaschine III.

Weitere Überlegungen galten der Frage, wodurch die Reibungsverluste der Wasserkolben in den Leitringkanälen, bezogen auf die Gasarbeit gesenkt werden können. Die Antwort lautete: Der Leitringdurchmesser muß dem Hubbereich der Wasserspiegel so weit als irgend möglich angenähert werden, damit die Schleuderarbeit der Läufer verkleinert wird; die Ausbildung der zur Spritzsicherheit der Doppelkolben erforderlichen Fadenlängen muß in axialer anstatt in rein radialer Richtung erfolgen. Das war allerdings nur durch ein Kompromiß erreichbar, wie aus der Abb. 43 zu erkennen ist[1]). Es forderte nämlich den Verzicht auf axial zusammenhängende Brennräume in den beiden nun örtlich weit getrennten Läuferhälften und auf die axiale Durchspülung dieser Brennräume. Andererseits entfiel dafür die Notwendigkeit, die Laufschaufeln zu beiden Seiten des Leitrings in so unnatürlicher Weise

[1]) DRP. Stauber, 452250.

wie vorher zu verwinden; so ergaben sich neben vergrößerten Durchflußquerschnitten in den Leitkanälen und kleineren Durchflußgeschwindigkeiten bei geringer Kanallänge im Leitring, zugleich bessere Strömungsverhältnisse im Läufer. Angesichts von so erheblichen Verbesserungen in hydraulischer Beziehung glaubte man künftig die Gefahrenquelle der Umkehrspülung über Wasserspiegeln in Kauf nehmen zu können, um so mehr als es bauliche Mittel gab, durch welche man erforderlichenfalls die Wasserspiegel gegenüber dem Spülstrom schützen konnte.

Mit der Erprobung einer derart verbesserten Läuferform wollte man sich zugleich, was vorher noch nicht möglich gewesen war, eine

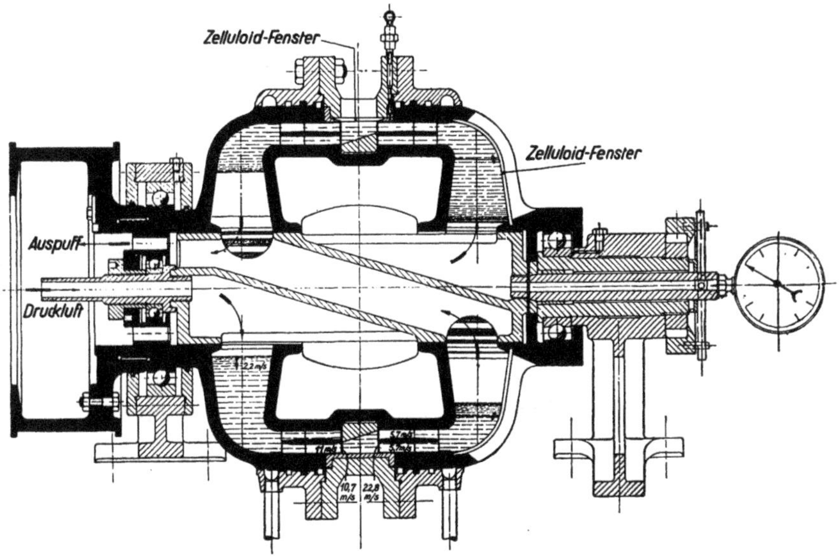

Abb. 44. Pendelringmaschine III Voith für Druckluftbetrieb.

Kontrolle hinsichtlich des Verhaltens der Wasserspiegel im Hubbereich verschaffen und auch eine solche hinsichtlich des Strömungscharakters in den Leitkanälen. So entstand zunächst eine Modellturbine für Druckluftbetrieb mit Fenstern an der einen Läuferhälfte und am Umfang des Leitrings; sie ist in Abb. 44 dargestellt. Die zum Antrieb verwendete Druckluft wurde von einem feststehenden Steuerzylinder aus gesteuert, auf welchem zugleich der Läufer seine Lagerung fand. Dadurch ließ sich ein äußeres Gehäuse völlig vermeiden; der Läufer lief mit dem größten Teil seiner Außenfläche in freier Luft. Gegenüber dem getrennt gelagerten Leitring war er mit Baumwollringen abgedichtet, und außer deren Widerstand hatte er nur die geringfügige Lagerreibung zu überwinden. Auf eine besondere Abdichtung der Arbeitsräume des Läufers am Umfang des innenliegenden Steuerzylinders konnte man verzichten, da es sich ja nicht um die Ermittelung des Luftverbrauchs handelte;

Steuerzylinder und Läufer waren genau zentrisch mit kleinstmöglichem gegenseitigen Spalt.

Um nicht nur die Außenreibung des Läufers zu verkleinern, sondern auch die Energieverluste des Pendelrings, erhielten die beiden Radhälften genau gleiche Schaufelformen ohne jede Verwindung, etwa so wie sie aus der früheren Abb. 28 zu entnehmen sind und überdies wurden die Laufschaufelhöhen zu beiden Seiten des Leitrings mit Hilfe von einge-

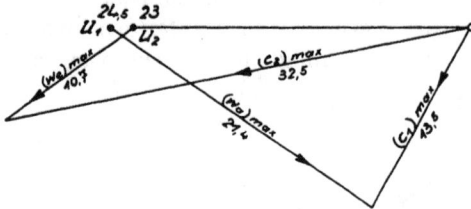

Abb. 45. Leitringdiagramm von Turbine III.

gossenen Führungsflächen unterteilt. Die Gesamthöhe der Schaufelung war für das Einschwingen des Wassers bestimmt, die Hälfte davon für das Ausschwingen. In der Abb. 45 ist das zugehörige Leitringdiagramm dargestellt. Durch die Verkleinerung der relativen Eintrittsgeschwindigkeit in den zylindrischen Läuferteil konnte eine schädliche Rückumsetzung von Geschwindigkeit in Pressung vermieden werden und gleichzeitig ergaben sich durch den Unterschied der Relativgeschwindigkeiten für das Ein- und Ausschwingen sehr wirksame Schaufelkrümmungen in den Leitkanälen. In der Abb. 45 sind die Höchstwerte der Pendelgeschwindigkeiten w und der absoluten Durchflußgeschwindigkeiten c angegeben; sie versprachen angesichts der starken Ablenkung des Wassers durch die Leitschaufeln einen guten Strömungswirkungsgrad des Pendelrings.

Tatsächlich bewiesen die Versuche mit dieser verbesserten Modellturbine den erwarteten wesentlichen Fortschritt in hydraulischer Beziehung. Die neue Maschine kam mit der geringen Luftpressung von 2,5 atü zum Leerlauf in ihrer normalen Drehzahl, und mit 4 atü vermochte sie die berechnete Höchstleistung zu entwickeln. In der Abb. 46 ist die ermittelte Leistungslinie dargestellt. Von der durch Rechnung bestimmten indizierten Leistung ging ein Teil durch die Übertragung an die Meßvorrichtung verloren; aus der am Umfang des Läufers abgegebenen Lei-

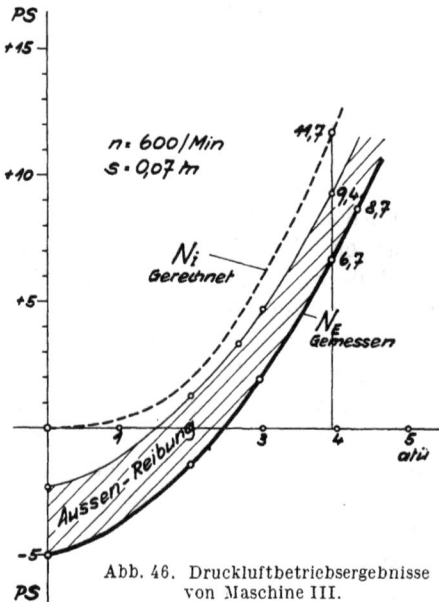

Abb. 46. Druckluftbetriebsergebnisse von Maschine III.

stung ergibt sich, daß die Maschine ihre Höchstleistung mit einem hydraulischen Wirkungsgrad von etwa 75% abzugeben vermochte, bei einer Luftpressung, mit der die erste Pendelringmaschine in normaler Drehzahl nicht einmal vom äußeren Antrieb frei werden konnte. Diesen für ein so kleines Modell sehr günstigen Verhältnissen entsprach auch der Strömungscharakter in den Leitkanälen. Die an früherer Stelle angegebenen Grundlagen für die Strömungsverhältnisse des Pendelrings haben, wie dort ausdrücklich erwähnt, nur für Wasserkörper geringster Dicke Geltung, also etwa für den ungestörten »Mittelfaden« eines Doppelkolbens; in Wirklichkeit werden schon allein

Abb. 47. Lichtbild von Pendelringmaschine III.

durch die endlichen Breiten der Kanäle, ganz abgesehen von anderen Ursachen, an den Übergangstellen zwischen Läufer und Leitring Wirbelgebiete geschaffen. Die Modellversuche sollten auch über deren Größenordnung Klarheit bringen. Deshalb wurden an verschiedenen Stellen, wie aus dem Lichtbild in Abb. 47 zu erkennen ist, Druckluftblasen in die Leitkanäle eingeführt und durch die Fenster am Umfang des Leitrings beobachtet. Diese Beobachtung ließ erkennen, daß die unvermeidlichen Wirbel in praktisch erträglichen Grenzen blieben. Die weitere Beobachtung des Pendelrings durch seitliche Fenster in der einen Läuferhälfte galt der Nachprüfung der Spritzsicherheit seiner Wasserspiegel. Mit Hilfe eines Stroboskops konnten die einzelnen Zellenlagen in scheinbarem Stillstand betrachtet werden; es zeigte sich fast überall ein ungestörter Zusammenhang des Wasserkörpers, und damit war auch die praktische Brauchbarkeit der auf viele vereinfachende Voraussetzungen aufgebauten

Rechnungsgrundlage des Pendelrings nochmals durch den Augenschein
bestätigt. Allerdings war anscheinend für dieses Modell der Sicherheitsgrad σ gegen das Spritzen der Spiegel etwas zu niedrig geraten, nicht
für den Kern, wohl aber für die an den Schaufelflächen liegenden Teile
eines Wasserkolbens. Nach den früheren Erörterungen gilt auch der
Spritzsicherheitsfaktor σ nur für den ungestörten Mittelfaden des einzelnen Wasserkörpers, und er ist nicht identisch mit dem Sicherheitsgrad
der an den Schaufelwänden anliegenden Wasserteile. Deren Bewegung
wird durch die Coriolisbeschleunigung beeinflußt, und sie können bei zu
gering werdender Spritzsicherheit aus der unter ihnen spritzsicher blei-
benden Kolbenmasse relativ heraustreten. Erfolgt dies während des
Ausschwingens der Gesamtmasse, dann muß die Beobachtung der Zellen
mit Hilfe des Stroboskops Wasserteilchen erkennen lassen, die anscheinend knapp über dem Spiegel des intakten Wasserkörpers sich
gegenläufig zum Rad und zu seinen Zellenwänden bewegen. In der Tat
war ein solcher Vorgang in der Modellturbine festzustellen. Es hatten
sich allerdings nur geringe Teile des Wasserkörpers abgelöst, aber das
genügte bereits, um Wasser mit der abströmenden Luft zusammen in
den Auspuff gelangen zu lassen.

Diese Vorversuche, die der Verbesserung des hydraulischen Verhaltens des Pendelrings gegolten hatten, waren somit im ganzen befrie-
digend ausgefallen. Die Maschinenfabrik J. M. Voith entschloß sich deshalb, nunmehr die Vorbedingungen für einen wirtschaftlich günstigen
Verlauf eines Verpuffungsbetriebs zu klären, und zwar mit Hilfe der

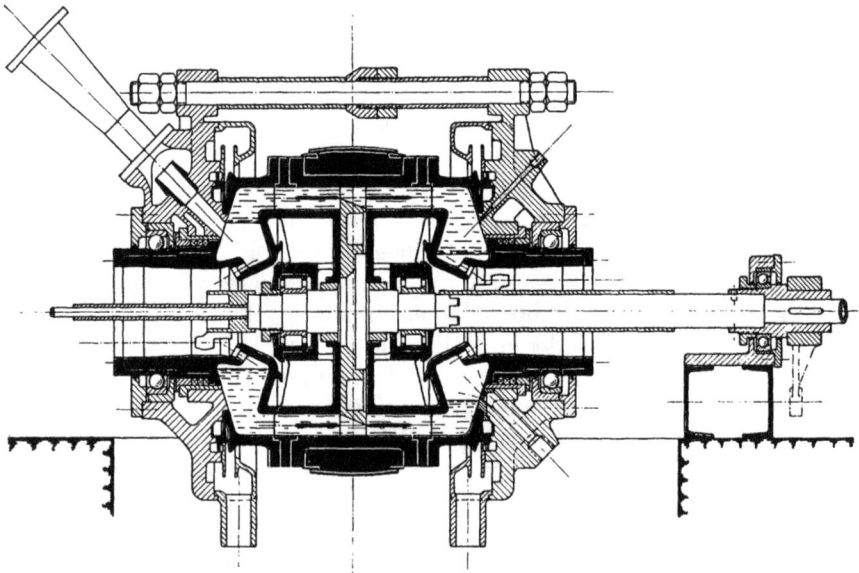

Abb. 48. Längsschnitt der Pendelringgasmaschine Voith-Stauber. (Maschine IV.)

Modellgasmaschine, die in Abb. 48 dargestellt ist. Diese Maschine erhielt die Läufer- und Leitringbauart, sowie die verbesserte Schaufelung der Druckluftmaschine, war aber wesentlich kleiner als die erste Gasmaschine des früheren Konzerns. Der Läufer erhielt diesmal eine Lagerung auf durchlaufender Welle, die festgelegt war und zugleich den Leitring trug. Der Außenmantel des Läufers war um den Leitschaufelkranz herum völlig geschlossen, und eignete sich deshalb zur direkten Energieabgabe an einen Treibriemen. In seinem Innern war der Läufer gegenüber der Leitringscheibe abgedichtet, und somit war das Doppelrad hinreichend gesichert gegen den Wasserverlust aus den Leitring spalten. Wie die Abb. 49 erkennen läßt, erhielten die Zellenwände der einzelnen Brennräume dort, wo sie sich an den ebenen Wänden der beiderseitigen Steuerdeckel vorbeibewegten, in ihre schmalen Stirnflächen eingelegte radiale Dichtungslamellen, die während des Umlaufs mit leichtem Druck gegen die Steuerdeckel angepreßt wurden. Derartige Lamellen versprechen eine den üblichen Kolbenringen nachgeahmte Dichtungswirkung von Brenn-

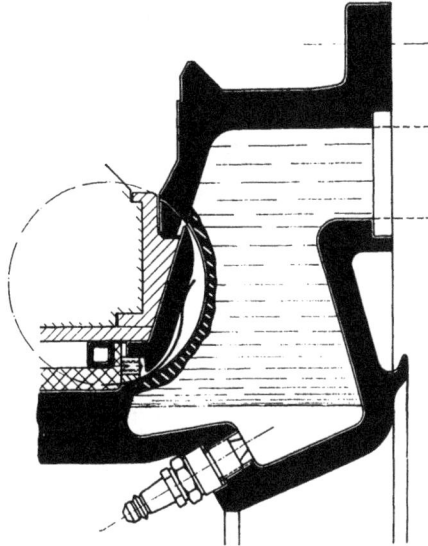

Abb. 49. Abdichtung der Brennräume in Maschine IV.

raum zu Brennraum in der äußeren Hubhälfte der Wasserkolben, und zwar mit viel einfacheren Mitteln als durch seitliche, an den Läufer angepreßte, ebene und schmierbedürftige Steuerringe. Denn die umlaufenden Lamellen benötigen weder eine besondere Schmierung an ihren schmalen Dichtungsflächen, noch eine besondere Kühlung; Schmierung und Kühlung werden selbsttätig durch ihren Umlauf besorgt, der sie bei jeder Umdrehung des Läufers einmal völlig unter Wasser bringt. Weniger günstig liegen die Verhältnisse für die Abdichtung der Arbeitsräume durch den Deckel hindurch nach außen, und zwar besteht an dieser Stelle eine besondere Schwierigkeit darin, daß die Abdichtung nicht nur den Austritt von Spaltwasser nach außen verhindern muß, sondern auch das Umströmen von Spaltwasser aus höheren in niedrigere Druckgebiete. Letzteres wäre nur dann zu verhindern, wenn die Dichtungsflächen des Ringspalts lückenlos an die Dichtungsflächen der einzelnen Lamellen anschließen könnten. Für den Anfang wählte man als zylindrische Abdichtung nach außen wieder die

Huhnsche Packung, deren Ringe man wie die Lamellen der Tangential-
dichtung am Umlauf des Rades teilnehmen ließ, damit auch sie bei jeder
Umdrehung einmal von den Wasserkolben überdeckt werden mußten.
Für die Abdichtung des Pendelrings gegenüber den beiderseitigen Steuerdeckeln waren die Bedingungen am einfachsten, denn an diesen Stellen
mußte nur Wasser abgedichtet werden; der Radmantel erhielt die vorher
in Einzelversuchen erprobten selbsttätig sich einstellenden Spaltringe,
und es mußte nur dafür gesorgt werden, daß das austretende Wasser
nicht lästig wurde.

Die Auspuffschlitze lagen in beiden Deckeln außerhalb der Spülluftschlitze. Die Spülung war somit eine radial nach innen gerichtete
Umkehrspülung, und der nach außen hin umgelenkte Spülstrom
konnte die über den Wasserspiegeln liegenden Verbrennungsrückstände
auch dann noch erfassen, wenn die Wasserflächen beim Anlassen der
Maschine vorübergehend über die Auspuffkanten hinaus schwingen
sollten. Die Brennstoffzuführung in den Läufer wurde gegenüber der
ersten Pendelringgasmaschine grundsätzlich geändert, es wurde nicht
mehr mit Gemisch geladen, sondern mit Gas allein, und zwar wurde
der Gaseintritt in die Brennräume erst dann freigegeben, wenn die einzelne Brennkammer den Bereich der Spülschlitze völlig überschritten
hatte und keine Verbindung mehr mit den Auspuffschlitzen vorhanden
war. Dann erst wurde das Gas unter entsprechendem Überdruck in
feinen Strahlen gegen die Brennkammerwände geblasen. Diese Veränderung beabsichtigte die Vermeidung von Rückzündungen und von
Gasverlust in den Auspuff, und stellte die Vorzüge eines Aufladeverfahrens in Aussicht.

Vergleicht man die Bauart dieser zweiten Pendelringgasmaschine
mit der ersten, so kommt man zu folgendem Ergebnis:

1. Es war für das gewählte kleine Modell alles geschehen, um die
   Bewegungswiderstände des Läufers und des Pendelrings zu
   verkleinern. Das Turbinenrad lief in freier Luft anstatt im Wasser; der Leitringdurchmesser war soweit als irgend möglich zu-
   sammengedrückt; die Leitkanäle hatten verkleinerte Wassergeschwindigkeiten, die Laufschaufelform war viel besser als vorher. Es kann, wenn auch nicht durch nochmalige Messung unter-
   stützt angenommen werden, daß die neue Maschine denselben
   hydraulischen Wirkungsgrad besaß wie ihr Druckluftmodell; es
   darf ferner angenommen werden, daß ihre Energieverluste zwischen Läufer und Meßvorrichtung prozentual nicht größer waren
   als bei jenem; es war somit zu erwarten, daß sie mit demselben
   Leistungsfaktor $P_i \cdot s$, welcher beim Druckluftbetrieb aus einem
   Luftüberdruck von 2,5 atü entstanden war, ebenfalls in normaler
   Drehzahl vom äußeren Antrieb frei werden würde.

2. Es war auch vieles geschehen, um die Verpuffungen besser vorzubereiten als zuvor. Die Auspuffwege waren vereinfacht und erweitert, die Spülwiderstände verkleinert, die Einhaltung der Wasserfüllung des Läufers gesichert, ebenso wie die Spülwirkung bis an die Wasserspiegel hin.

3. Es war schließlich vieles geschehen, um die Abdichtung der Brennräume zu verbessern und dadurch die Möglichkeit zu schaffen, daß die Erregung der Maschine beim Anlassen mit Hilfe von selbsttätig zunehmender Gemischverdichtung zu einer schnellen Steigerung von Pendelfaktor und Leistungsfaktor führte.

Daneben darf allerdings auch nicht übersehen werden, daß die neue Bauart zwei Merkmale enthielt, deren Bedenklichkeit man, wie sich zeigte, unterschätzt hatte:

4. Außerhalb des Lamellenbereichs war eine Wasserumströmung von Druckgebiet zu Druckgebiet im Ringspalt der Deckel nicht völlig unmöglich gemacht; das ist bei der Benützung einer Ringpackung in den beiderseitigen Deckeln nicht zu erzielen. Es gab aber für den Augenblick keine bessere Lösung.

5. Durch die radial gerichtete Umkehrspülung der Brennräume wurde nicht nur die Bildung von stationären, schlecht gespülten Wirbelkernen erleichtert, sondern auch das Aufreißen der Wasserspiegel durch den Spülstrom begünstigt, somit auch die Beladung des Gemisches mit feinstem Wasserstaub.

Diese zweite Pendelringgasmaschine brachte es trotz aller Bemühungen in mehrjähriger Versuchsarbeit zu keinen besseren Betriebsergebnissen als ihre Vorgängerin. Die Verpuffungen, deren Drucksteigerung durch eine Reihe von Manometern am Umfang der Steuerdeckel zu beobachten war, lieferten immer noch so schwache Impulse wie zuvor; ja sogar anscheinend noch schwächere, denn die Maschine konnte sich dem Freilauf noch weniger nähern als jene, insbesondere unter dem Einfluß von häufigen Aussetzern, einer Erscheinung, die man bereits für überwunden gehalten hatte. Der Auspuff, dessen Beobachtung bei einer Brennkraftmaschine die besten Aufschlüsse liefert, zeigte neben dem üblichen Dampfstrom ein stoßweises Anwachsen des Überlaufwassers, das eigentlich angesichts der gleichmäßigen Belieferung der Maschine durch eine Kühlwasserpumpe ebenso gleichmäßig hätte abfließen sollen. Offenbar war die neue Maschine in gastechnischer Beziehung stärker verschlechtert als in strömungstechnischer Beziehung verbessert, und zweifellos stand man vor Mängeln, die auch in der ersten Maschine Mitursache am Mißerfolg gewesen waren. Da der erneute Mißerfolg eine Anzahl von sich überdeckenden Gründen haben konnte, wurde beschlossen, nach verschiedenen Richtungen hin durch Einzelversuche Klarheit zu schaffen.

a) Wärmeabwanderung an Wand und Wasser.

In der ersten Enttäuschung war man versucht, die Erzielbarkeit kräftiger Verpuffungen in den Zellen einer raschlaufenden Wasserkolbenmaschine grundsätzlich zu verneinen, und zwar im Hinblick auf die langgestreckten, schmalen und niedrigen Brennräume des Zellenrads, die von scharfgekühlten Flächen eingeschlossen sind; d. h. man vermutete als erste Ursache für das erneute Versagen der Maschine einen im Vergleich mit gewöhnlichen Kleinkolbenmaschinen zu großen Wärmeverlust an die Umgebung. Ein solcher Vergleich führt aber leicht zu falschen Vorstellungen, denn die Wärmeabgabe aus den Verbrennungsgasen an Wand und Wasser erfolgt in Wasserkolbenmaschinen, wie nochmals betont werden muß, grundsätzlich anders als in gewöhnlichen Kolbenmaschinen. Bei diesen sind die umhüllenden festen Wände des Brennraums und vor allem auch der Kolben selbst, gute Wärmeleiter; die abgeführte Wärme geht mit erheblichem Temperaturgefälle durch sie hindurch an das äußere Kühlwasser, und die von den Gasen berührten Wandflächen haben immerhin so hohe Temperaturen, daß es vielfach während der Verdichtung sogar zu einer Wärmerückgabe an das frische Gemisch kommt. Bei den Wasserkolbenmaschinen, deren Wände Innenkühlung besitzen, geht die im Hubbereich der Expansion in die Wände eingetretene Wärme nicht durch jene hindurch, sondern sie kehrt beim Rückhub des Wasserkolbens ebenfalls um und geht direkt an das Wasser. Im Hubbereich des Wasserkolbens bleibt die nur vorübergehend von Feuergasen berührte Wandfläche praktisch kalt; die nicht vom Wasser bespülten Wandteile müssen die in sie eingetretene Wärme zu den vom Wasser bespülten Nachbarn fortleiten; die am weitesten von der Wassergrenze entfernten Wandteile werden also wärmer sein als die näherliegenden, aber immer noch kühler als die Wände einer gewöhnlichen Kolbenmaschine. Dafür absorbiert aber der Wasserkolben die aus dem Gaskörper ausstrahlende Wärme in viel geringerem Maß als ein Metallkolben und gibt als schlechter Wärmeleiter die in seine Spiegelfläche gelangte Wärme auch nur in viel geringerem Maß als jener nach innen weiter; er bedeckt sich vermutlich während der Verpuffung unter dem Einfluß des ihn treffenden Wärmestoßes mit einem schützenden Dampffilm. An der Kolbenfläche, die während der Verpuffung des Gemisches fast die Hälfte der gesamten Gashülle einnimmt, verliert also eine Wasserkolbenmaschine wesentlich weniger Wärme als eine gewöhnliche Kolbenmaschine; deshalb darf die Zellenradgasmaschine bei einer Schätzung ihrer voraussichtlichen Wärmeverluste nicht mit einer gewöhnlichen Kolbenmaschine verglichen werden, sondern nur mit einer wesensgleichen Bauart, und das ist die Humphrey-Pumpe. Diese hat, obwohl die Zahl ihrer Arbeitsspiele in praktischen Ausführungen unter 20/min geblieben war und obwohl sie durch Spritzer und Gaseinschlüsse gelitten haben mußte, ein Güteverhältnis von 67% gegenüber dem verlustlosen Arbeitsvorgang in dem Brennraum erzielt, und es wurde an früherer Stelle bereits ausgesprochen — allerdings ohne Beleg, denn Forschungsarbeiten in dieser Richtung fehlen bis heute noch immer, daß eine gewöhnliche Kolbenmaschine mit gekühltem Zylinder, Kolben und Deckel beim gleichen Hub und gleicher Expansionsdauer kaum ein besseres Ergebnis haben würde. Wenn es nun unbestritten ist, daß bei gewöhnlichen Kolbenmaschinen von unter sich gleichem minutlichen Brennstoffdurchsatz das Güteverhältnis mit zunehmenden Umlaufzahlen und abnehmenden »Heizflächen« erheblich steigt, obwohl dabei die Gaskörper wegen der abnehmenden Dicke der Gasräume ständig ungünstiger werdenden Verhältnissen hinsichtlich der Strahlungsverluste gegenüberstehen, dann ist wohl auch der Schluß gerechtfertigt, daß Zellenradmaschinen, deren gasbeheizte Flächen bei gleichem minutlichen Wärmedurchsatz viel geringer sind als in der langsamlaufenden Humphrey-Pumpe, trotz ihrer langen, engen und niedrigen Brennräume ebenfalls günstigere Güteverhältnisse der Verpuffung erzielen werden als die Pumpe. Gingen bei der letzteren, wie an früherer Stelle erörtert, etwa 20% der aufgewendeten Brennstoffwärme während der Verpuffung durch Leitung und Strahlung an die den Brennraum einschließenden Metall- und Wasserflächen über, so verspricht ein logischer Schluß für die raschlaufende Zellenradmaschine mindestens keine schlechteren Werte.

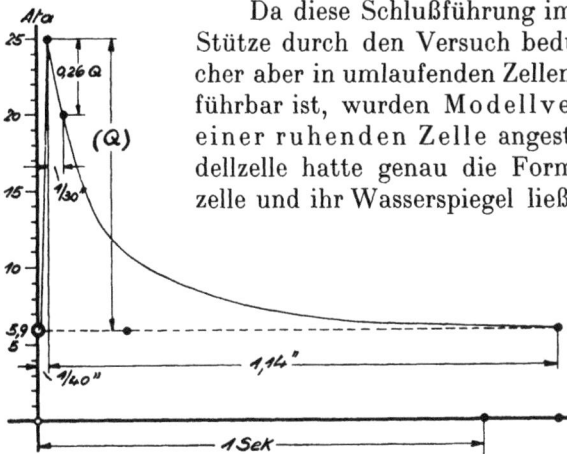

Da diese Schlußführung immerhin einer Stütze durch den Versuch bedurfte, ein solcher aber in umlaufenden Zellen nicht durchführbar ist, wurden Modellversuche mit einer ruhenden Zelle angestellt; die Modellzelle hatte genau die Form der Läuferzelle und ihr Wasserspiegel ließ sich in ver-

Abb. 50. Druckverlauf in der Modellzelle.

schiedenen Lagen anordnen. Die Ergebnisse dieser Versuche sind selbstverständlich nicht ohne weiteres auf die im geschlossenen Bündel umlaufenden Brennräume der Maschine zu übertragen, auch konnten die Wärmeverluste der Gase an Wand und Wasser nicht gemessen werden. Da es sich nur um die Gewinnung einer Übersicht über die grundsätzlichen Verhältnisse handelte, begnügte man sich damit, über der Zeit den Druckverlauf im Zellenraum zu indizieren, der sich bei der Verpuffung scharfer Gemische aus Luft und Leuchtgas ergab. Eines der vielen bei diesen Versuchen gewonnenen Diagramme ist in der Abb. 50 wiedergegeben. Es zeigt den Druckverlauf für ein im Verhältnis 1 : 7 gebildetes Gemisch, wie es ungefähr dem Humphrey-Pumpendiagramm in Abb. 13 zugrunde lag; die Verpuffung ging auch in beiden Fällen vom gleichen Druck aus. In der Pumpe war aus dem Verdichtungsdruck von 6 at ein Verpuffungsdruck von 15 at entstanden, in einem großen Raum mit dickem Gaskörper; in der engen und niedrigen Modellzelle entstand jedoch aus 5,9 at ein Druck von 25 at. Das mag zum Teil auf eine Massenwirkung des Schreibzeugs der Versuchseinrichtung zurückzuführen sein, zum Teil auch darauf, daß in der Modellzelle im Gegensatz zur Pumpe die Verpuffung ohne Raumvergrößerung vor sich ging; aber eines darf doch auf Grund dieses Vergleiches geschlossen werden: Während des eigentlichen Verpuffungsvorgangs entsteht in den Brennräumen einer Zellenradgasmaschine sicher kein größerer Verlustanteil an Wärme als in der Humphrey-Pumpe.

Aus der Abb. 50 war ferner zu entnehmen, daß die Brenngeschwindigkeit des Gemisches in der Modellzelle sehr niedrig gewesen ist und den Wert von 3 m/s nicht überschritten hat; das war mit der niedrigen Anfangstemperatur der Verpuffung und vor allem mit dem fast unbewegten Gemischkörper zu erklären. Aber auch eine so geringe Brenngeschwindigkeit hätte in der Versuchsmaschine während des Anfahrens mit geringer Drehzahl ausreichen müssen, um die Verpuffung noch erheblich vor Kolbenhubmitte zu Ende kommen zu lassen; wenn dies anscheinend doch nicht der Fall gewesen ist, so hatte es wohl seine besonderen Gründe, über die noch zu sprechen ist. Für den normalen Betrieb mit den umlaufenden Brennräumen eines Zellenrads ist die Brenndauer in der Modellzelle belanglos, denn es ist mit Sicherheit vorauszusehen, daß bei höheren Verdichtungstemperaturen und scharfer Durchwirbelung des Gemischkörpers im Zusammenhang mit Frühzündung die Verpuffungen kurz nach Überschreitung des inneren Totpunkts der Wasserkolbenbewegung beendet sein werden. Das ist später auch praktisch bestätigt worden.

Nur bezüglich des nach der Verpuffung entstehenden Wärmeverlustes hatten die Versuche mit der Modellzelle ein auf den ersten Blick verblüffendes Ergebnis. Wie die Abb. 50 erkennen läßt, genügten nach Erreichung des Höchstdrucks weitere 1,14 s, um in der Zelle den Ausgangsdruck wieder entstehen zu lassen; d. h. in dieser kurzen Zeit war die gesamte fühlbare Wärme der Verbrennungsprodukte, Q WE, an Wand und Wasser übergegangen. Bei diesem Versuch war die Wasserhöhe im Modell so eingestellt wie in der Versuchsmaschine bei der inneren Totlage der Wasserkolben; der Gemischinhalt des Brennraums betrug 61 cm³ und sein Wärmeinhalt etwa $^{1}/_{5}$ WE; diese sind also von den dicken Wänden des Modells schlagartig verschluckt worden. In so kurzer Zeit hätte der Gasraum einer Humphrey-Pumpe bei festgehaltenem Wasserspiegel seinen Wärmeinhalt natürlich nicht verloren, sonst hätte die Pumpe den günstigen indizierten Wirkungsgrad nicht erzielen können, der sich aus ihrem Indikatordiagramm feststellen ließ. Der Modellversuch bestätigt also nur die bekannte Tatsache, daß enge Gasräume in der Zeiteinheit wesentlich größere Anteile ihres Wärmeinhalts verlieren als große Gasräume. Für den normalen Betrieb einer Zellenradgasmaschine eröffnet aber auch diese Bestätigung keineswegs ungünstige Aussichten, denn wenn auch ihre Brennräume viel enger und niedriger sind als der Brennraum der Humphrey-Pumpe, so ist andrerseits auch ihre Expansionszeit entsprechend kleiner. Diese betrug für die Versuchsmaschine bei normaler Drehzahl $^1/_{30}$ s; der Vergleich mit der Modellzelle läßt erkennen, daß selbst eine so kleine Zellenradmaschine während ihrer Expansionszeit keinen größeren Wärmeanteil an Wand und Wasser verlieren würde als die Humphrey-Pumpe. Beim Anlassen mit geringer Drehzahl mag sich allerdings in der Versuchsmaschine die Wärmeabwanderung nach beendigter Verpuffung stärker fühlbar gemacht haben, aber doch nicht derartig, daß aus ihr allein das Versagen der Maschine erklärlich wäre.

Die Versuche mit der Modellzelle können, wie nochmals betont sein soll, keineswegs den Anspruch auf die in Laboratorien übliche wissenschaftliche Exaktheit erheben; ihr eigentlicher Zweck war die Beantwortung einer prinzipiellen Frage, und diesen haben sie erfüllt. Sie haben mit ausreichender Beweiskraft gezeigt: Eine Zellenradgasmaschine erleidet voraussichtlich in normaler Drehzahl während der Verpuffung und Expansion im ganzen keine größeren prozentualen Verluste an aufgewendeter Wärme als eine Humphrey-Pumpe; in großen Ausführungen wird sie in dieser Beziehung sogar vorteilhafter arbeiten als jene. Auch in der Versuchsmaschine waren offenbar diese Wärmeverluste an Wand und Wasser nicht derartig groß, daß es ihr aus diesem Grund unmöglich gewesen sein konnte, sich zu erregen. Wenn in der Versuchsmaschine die Erregung des Pendelrings immer mißlungen war, während die Erregung des Wasserpendels in der Humphrey-Pumpe nicht versagt hat, dann müssen dafür andere Gründe den Ausschlag gegeben haben, die für die Humphrey-Pumpe nicht in Betracht kommen konnten. Wenn ein Pendel nicht in Schwingungen geraten will, dann sind seine Bewegungswiderstände zu groß gegenüber den darauf wirkenden Kräften; das gilt auch für den Pendelring. Also hing das Versagen der Versuchsmaschine vielleicht damit zusammen.

b) Bewegungswiderstände des Pendelrings.

Die Modellmaschine für Druckluftbetrieb hatte bei einer Luftpressung von 2,5 atü den Leerlauf in normaler Drehzahl erreicht. Für

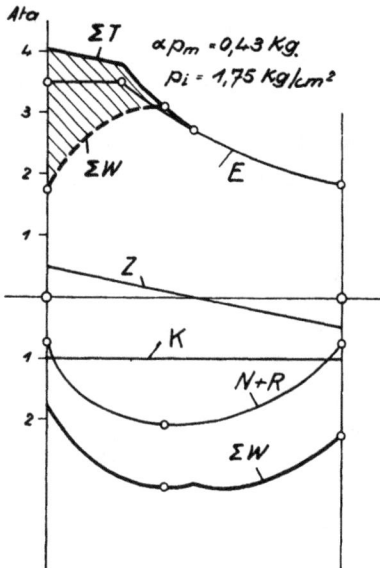

Abb. 51. *P-V*-Diagramm für das Anlassen
mit Druckluft.

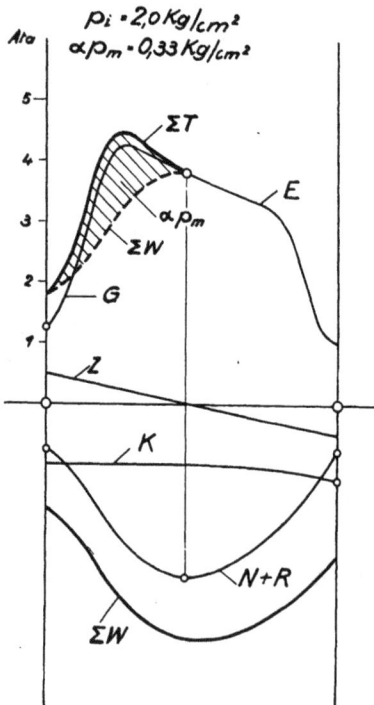

Abb. 52. *P-V*-Diagramm für das Anlassen
mit Verpuffungen.

diese Luftpressung ist in der Abb. 51 das Arbeits- und Pendeldiagramm schematisch dargestellt, d. h. mit den gleichen vereinfachenden Voraussetzungen wie für die an früherer Stelle durchgeführte Berechnung des Pendelrings. Aus diesem Leerlaufdiagramm ergibt sich ein mittlerer indizierter Druck $p_i = 1,75$ kg/cm²; ferner ein Pendelfaktor $\alpha\, p_m = 0,43$ kg/cm²; aus letzterem ein gewisser Kolbenhub s und somit ein Leistungsfaktor $P_i \cdot s = 1,75\, s$. Mit diesem Leistungsfaktor vermochte die Modellmaschine die inneren und äußeren Bewegungswiderstände im Freilauf zu überwinden. Diesem Modell war die Versuchsgasmaschine genau nachgebildet; es darf angenommen werden, daß sie im Druckluftbetrieb ebenfalls mit einem Leistungsfaktor $P_i \cdot s = 1,75\, s$ den Freilauf in normaler Drehzahl erreicht hätte und auch im Verpuffungsbetrieb mit einem Leistungsfaktor $P_i' \cdot s' = 1,75\, s$. Für die Berechnung der Versuchsmaschine war das Normaldiagramm in Abb. 30 angenommen worden. Es zeigt einen Pendelfaktor $\alpha\, p_m = 2,08$ kg/cm², aus welchem sich ein bestimmter zur Normalbelastung gehöriger größter Kolbenhub ergibt. Auf Grund der Gesetzmäßigkeiten des Pendelrings kann der Kolbenhub für den Leerlauf wegen des dabei viel geringeren Pendelfaktors nur etwa $1/5$ des Normalhubs betragen. Bei so kleinem Kolbenhub ist aber selbst in gut abgedichteten Brennräumen keine merkbare Vorverdichtung des Gemisches zu erzielen, weil der Verdichtungshub stets von der Auspuffkante ausgehen muß. Die Verpuffung muß demnach auch noch im Leerlauf von annähernd atmosphärischem Druck ausgehen. In der Abb. 52 ist ein diesen Bedingungen entsprechendes Pendeldiagramm für den Leerlauf in normaler Drehzahl dargestellt; es ist ein schwaches, im Regelbereich noch verstärkbares Gemisch angenommen, sowie eine in der normalen Drehzahl noch relativ gut verlaufende Verpuffung, die zu einer Drucksteigerung auf 4,25 at führt. Aber selbst unter diesen günstigen Voraussetzungen, die an sich auf Grund der Versuche mit der Modellzelle zulässig erscheinen, ergibt sich für die Gasmaschine beim Leerlauf in normaler Drehzahl zwar ein etwas höherer mittlerer indizierter Druck als beim Druckluftbetrieb, nämlich ein $p_i' = 2\,\text{kg/cm}^2$, aber ein geringerer Pendelfaktor, nämlich $(\alpha \cdot p_m)' = 0,33\,\text{kg/cm}^2$. Zu diesem gehört für die gleiche Maschine auch ein kleinerer Leerlaufhub; war er im Druckluftbetrieb $= s$, so wird er im Verpuffungsbetrieb nur

$$s' = s \cdot \frac{(\alpha\,p_m)'}{\alpha\,p_m} = 0,77\,s.$$ Damit erreicht der Leistungsfaktor im Verpuffungsbetrieb $P_i' \cdot s'$ nur den Wert $2 \cdot 0,77\,s = 1,54\,s$; er ist geringer als der entsprechende Wert $1,75\,s$, der im Druckluftbetrieb hinreichen würde, um die gleiche Maschine leerlaufend auf normale Drehzahl zu bringen. Die vorliegende Modellgasmaschine hatte also auf Grund eines solchen Vergleichs überhaupt keine Aussicht, dieses Ergebnis ebenfalls erzielen zu können. Das bedeutet keineswegs, daß der Pendelring als Gasmaschinengetriebe grundsätzlich aussichtslos ist, sondern nur, daß eine Pendelringgasmaschine auf große Maschineneinheiten beschränkt bleibt, in welchen dem Pendelring unter Beibehaltung der Modellgeschwindigkeiten viel größere Leitkanalquerschnitte zur Verfügung stehen, und in welchen sein Leerlauf keinen größeren Pendelfaktor und Leistungsfaktor als denjenigen erfordert, der aus unverdichteten und noch verstärkbaren Gemischen erwartet werden kann. Die vorliegende Versuchsmaschine war zu klein geraten. Damit kann es aber noch nicht sein Bewenden haben, denn in ihr waren anscheinend nicht einmal die Drucksteigerung und der Druckverlauf zu beobachten, die auf Grund der Versuchsergebnisse mit der Modellzelle den Diagrammen der Abb. 52 zugrunde gelegt worden sind. In der Versuchsmaschine müssen offenbar noch andersgeartete Wärmeverluste vorgelegen haben, die für das Zellenmodell nicht in Frage kommen konnten; es liegt nahe, sie zunächst auf die Verdampfung von aufgerissenem Wasserstaub zurückzuführen.

c) Wärmeverluste durch Dampfbildung im Brennraum.

Die Betriebsversuche hatten stets das Auftreten von Dampf im Auspuff gezeigt; er konnte allerdings zum Teil erst im heißen Auspuffrohr aus dem mit den Verbrennungsgasen abziehenden Überlaufwasser entstanden sein, zum andern Teil jedoch höchst wahrscheinlich in den Brennräumen selbst. An der Versuchsmaschine war es möglich gemacht, den Spülstrom nach seinem Austritt aus dem Läufer zu beobachten; er führte große Mengen kleinster Wassertröpfchen mit sich. Zweifellos hatte er vorher die von ihm getroffenen Brennraumwände erheblich angefeuchtet; es war aber auch zu vermuten, daß in den Brennräumen ein förmlicher Wasserstaub zurückgeblieben war, der wegen der Feinheit seiner Wasserkörperchen keine Möglichkeit hatte, sich vor der Verpuffung aus dem Gasgemisch auszuscheiden. Wenn dies zutraf, dann konnte den Arbeitsgasen sehr wohl durch teilweise Verdampfung dieser

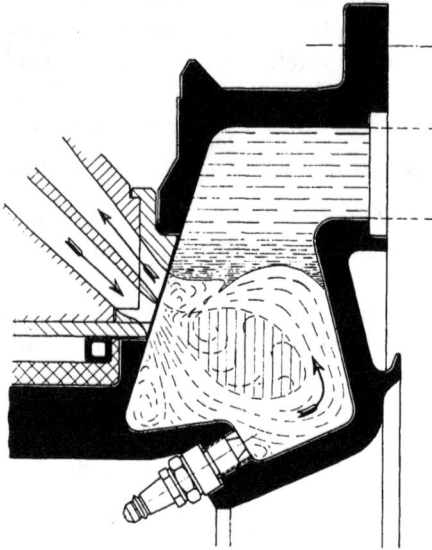

Abb. 53. Spülstrom in Turbine IV. (Schema.)

zurückgebliebenen Wassertröpfchen Wärme entzogen worden sein. Aus der Abb. 53 ist die mechanische Ursache für eine förmliche Wasservernebelung in den Brennräumen zu erkennen: Der Spülstrom traf nach seinem Anprallen an die Brennraumwände nach scharfer Umlenkung mit hohen Geschwindigkeiten auf die Wasserflächen und mußte nach nochmaliger Ablenkung über sie hinwegfegen, bevor er die Auspuffschlitze erreichte. Diese Spülart kann zu einer noch empfindlicheren Beschädigung der ungeschützten Wasserspiegel geführt haben als diejenige der ersten Pendelringgasmaschine, und es wäre schon aus diesem Grund

verständlich, daß diese trotz ihrer Strömungsfehler innerhalb des Pendelrings doch dem Freilauf näher gekommen war als ihre in hydraulischer Beziehung wesentlich verbesserte Nachfolgerin. Um auch diese Frage zu klären, wurden die Verpuffungsversuche mit der Modellzelle erweitert, und zwar durch die Einspritzung von Wasser aus feinsten Bohrungen vor und während der Verpuffung. Die durch den Indikator feststellbare Abweichung des Verpuffungshöchstdrucks von demjenigen, der unter sonst gleichen Umständen aus trockenem Gemisch entstand, war nicht wesentlich; nur die Wärmeabwanderung nach beendigter Verpuffung erfolgte noch intensiver als zuvor, d. h. der Ausgangsdruck im Brennraum wurde noch früher erreicht. Trotz der Wassereinspritzung wurden aber in der Modellzelle immer noch höhere Verpuffungsdrücke aus unverdichtetem Gemisch erzielt als in der Versuchsmaschine. Gewiß kann das damit zusammenhängen, daß die Wasservernebelung in der Maschine vielleicht noch gründlicher war als in der Modellzelle, und daß sich in jener noch kleinere Wasserteilchen gebildet hatten, die selbst während der sehr kurzen Verpuffungszeit mehr Wärme zu binden ver-

mocht hatten. Aber noch wahrscheinlicher ist es, daß die Versuchsmaschine unter einer besonderen Art von Wärmeverlusten gelitten hat,
die in der Modellzelle trotz der Wassereinspritzung ausgeschlossen waren; sehr vieles deutet auf Gasverluste hin, die etwa dadurch entstanden waren, daß erhebliche Anteile des der Maschine zugeführten Gases überhaupt nicht zur Wärmeentwicklung gelangten,
sondern unverbrannt in den Auspuff gingen. Für einen solchen Gasverlust der Versuchsmaschine, der sich in bezug auf die Höhe des Ver-
puffungsdrucks ebenso stark und noch stärker bemerkbar gemacht haben
kann, wie der Wärmeaufwand zur Verdampfung von aufgerissenem
Wassernebel, bestehen sogar verschiedene Möglichkeiten; sie lassen sich
allerdings heute nur grundsätzlich erörtern.

d) Gasverluste durch Spritzunsicherheit während des An-lassens.

In der Besprechung der Gründe des Versagens der Vogtschen
Wasserkolbenmaschine und bei der Feststellung der Bedingungen für
die Spritzsicherheit des freibeweglichen Wasserkolbens der Humphrey-
Pumpe war die Erscheinung erwähnt worden, die von L'Orange »Umkehrung des Auftriebs« zwischen Wasser und Gas genannt worden ist,
und die darin besteht, daß Gasteile in einen spritzunsicher werdenden
Wasserkörper eintreten und in ihm untergehen. Ein solches Eindringen
von Gemischblasen in die Wasserkolben kann bei fehlender Spritzsicherheit auch in Zellenradgasmaschinen auftreten, wenn es sich auch, wie
früher erwähnt, nicht auf den gesamten Wasserkörper ausdehnen
muß, wie in Maschinen mit ruhenden Brennräumen. In normaler Drehzahl und bezogen auf einen mittleren Wasserfaden war die Versuchsmaschine spritzsicher bis zu einem Beschleunigungsdruck von 17 kg/cm²;
dieser Wert war ihrer Berechnung zugrundegelegt. Auf die Spritzsicherheit beim Anlassen der Maschine war allerdings keine besondere Rücksicht
genommen, man hatte die Folgen vorübergehender Spritzunsicherheit der
innersten Wasserschichten während der ersten schwachen Verpuffungen
unterschätzt. Nun gehören aber zu den anfänglichen geringen Pendelgeschwindigkeiten des Pendelrings entsprechend niedrige Drehzahlen des
äußeren Antriebs, sonst stellen sich den ersten Schwingungen der Doppelkolben zu große Widerstände aus Wirbelgebieten zu beiden Seiten des
Leitrings entgegen. Das Anlassen von Pendelringgasmaschinen muß also
mit stark verringerter Drehzahl erfolgen; senkt man diese jedoch auf
beispielsweise ⅓, so sinkt damit der die Spritzsicherheit eben noch ge-
währende Beschleunigungsdruck P auf ⅑ des normalen Wertes, denn
es gilt:

$$\sigma = \Re' \cdot \frac{L \cdot R_i \cdot \omega^2}{P}; \quad (\Re' = \text{einer Getriebekonstanten}).$$

War die Versuchsmaschine rechnungsmäßig in normaler Drehzahl bis zu einem Beschleunigungsdruck von 17 kg/cm² spritzsicher, so ist sie es bei ⅓ der normalen Drehzahl nur noch bis etwa 2 kg/cm². Sobald im Verlauf der Verpuffung dieser Druck erreicht ist und überschritten wird, dringen die unmittelbar über den sich auflösenden Spiegelflächen liegenden Gemischteile in Blasenform in den Wasserkörper ein, bevor sie selbst von der langsamen Zündwelle erreicht werden konnten, und hinter ihnen folgen Teile des bereits verbrannten Gemisches, deren Abbrennen zu der bisherigen Drucksteigerung führen konnte. Es ist anzunehmen, daß diese zuletzt ins Wasser eingetretenen verbrannten Gase als erste wieder austreten, daß sie sich dann zwischen die nach ihnen auftauchenden unverbrannten Gemischteile und die im Brennraum verbliebenen Feuergase legen und das Nachbrennen des wiederaufgetauchten Gemischrestes verzögern, wenn nicht ganz verhindern. Damit wäre aber auch jede weitere Drucksteigerung im Brennraum verhindert. Das ist eine der Möglichkeiten für Gasverluste, die in der Versuchsmaschine aufgetreten sein können, während sie in der Modellzelle ausgeschlossen waren, denn in der Tat war die Maschine während des Anlassens nicht hinreichend spritzsicher. Eine weitere Möglichkeit kann mit Spülfehlern zusammengehangen haben.

e) Gasverluste durch Spülfehler.

Die Umkehrspülung der Versuchsmaschine führte, wie aus der Abb. 53 zu entnehmen ist, nicht nur zur Beschädigung der Wasserspiegel; sie beließ wie jede Umkehrspülung im Innern der Spülstromschleife einen Kern von Verbrennungsrückständen, der in diesem besondern Fall seine Relativlage innerhalb eines umlaufenden Brennraums kaum zu ändern vermochte und offenbar auch noch beim Beginn der Gaszuführung erhebliche Mengen von Rückständen enthielt. Wird in einem solchen Fall das Gas nicht im bereits bestehenden Gemisch mit Luft, sondern, wie es geschehen ist, einzeln zugeführt, so findet es im Brennraum nicht überall die zu seiner Verbrennung erforderliche Luft, besonders nicht im Kern der Spülluftschleife; dann wird ein Teil des Gases unverbrannt bleiben und das Abbrennen des Restes wird durch die im Übermaß eingelagerten Verbrennungsrückstände verschlechtert. Eine derartige ungenügende Spülwirkung hat wohl in der Versuchsmaschine vorgelegen, und auch sie macht es erklärlich, daß sich die in der Maschine beobachteten Verpuffungsdrücke zu langsam entwickelten, niedriger waren als die im Zellenmodell erzielten und sich auch durch Verstärkung der Gaszufuhr nicht steigern ließen. Und schließlich kann ein stellenweiser Luftmangel in den Brennräumen noch durch die Zuführungsart des Gases verursacht gewesen sein.

f) Gasverluste durch Ladefehler.

Wie bereits erwähnt, wurde das Gas nach Abschluß der Brennräume gegenüber den Spül- und Auspuffschlitzen aus feinen Bohrungen der Deckelwand nach allen Richtungen in die Radzellen eingeblasen. Es kann sehr wohl sein, daß diese Zuführungsart, die auf den ersten Blick viel für sich hat, weil sie zur sofortigen Durchdringung aller Zonen der Brennräume führt, die unentbehrliche mechanische Mischung des Gases mit der vorhandenen Luft geradezu verhindert hat, und daß sich auch aus diesem Grund ein Teil des eingeblasenen Gases der Verbrennung entzog, anstatt sich an der Drucksteigerung im Brennraum zu beteiligen. Wenn die eintreten-den Gasstrahlen den Luftraum einer Brennkammer in verschiedener Rich-tung durchdringen und beim Ab-schluß der Einströmöffnungen noch in dieser divergierenden Bewegung begriffen sind, dann prallen sie, wie in der Abb. 54 gezeigt ist, wohl auf die ihnen entgegenstehenden Brenn-raumwände und bilden an ihnen Gebiete heftigster Wirbelung, aber nur aus den Rändern dieses Wirbels vermögen Gasteile bis zur Einström-stelle zurückzukehren; die Kern-strahlen hindern sich gegen-seitig an einer solchen Um-kehr. Sie vermochten wohl den hinter ihnen liegenden Luftraum zu durchdringen, nicht aber sich darin gleichmäßig zu verteilen. Hinter ihnen wird also in jedem einzelnen

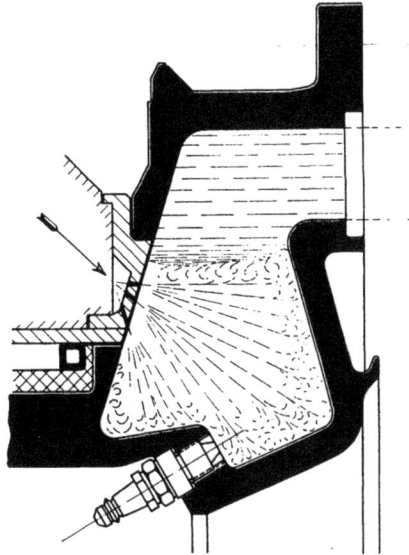

Abb. 54. Gaseinführung in Turbine IV. (Schema.)

Brennraum ein gasarmes Gebiet entstehen und in der Nähe der von ihnen getroffenen Wände eine Zusammenballung von Gas, das zu wenig Luft enthält. An beiden Stellen können dabei die Brenngrenzen des Gemisches überschritten werden mit dem Ergebnis, daß unverbrann-tes Gas in den Auspuff gelangt.

g) Abströmverluste durch Undichtheit der Brennräume.

Zu den vorstehend erörterten gastechnischen Ursachen für eine Verminderung der Verpuffungsdrücke in der Versuchsmaschine gegen-über den in der Modellzelle beobachteten kann auch eine bauliche hinzu-getreten sein. Es ist wie erwähnt eine besonders heikle Aufgabe, die Brennräume einer Zellenradgasmaschine nicht nur von Zelle zu Zelle, sondern auch nach außen hin abdichten zu müssen. Die Dichtung von einem Brennraum zum andern, die an sich nur in der äußeren Hubhälfte der Wasserkolben erforderlich ist und den erwähnten Lamellen über-tragen war, macht auch beim Anlassen der Maschine keine Schwierigkeiten, denn die Lamellen werden stets aus dem Wasserkörper heraus gekühlt. Nicht aber die Dichtungsringe in den zylindrischen Spalten zwischen Läufer und Steuerdeckel. Beim Anlassen der Versuchsmaschine führte der Pendelring so kleine Kolbenhübe aus, daß diese Ringspalte überhaupt nicht vom Wasser erreicht wurden. Unelastische Ringe wie diejenigen der Huhnschen Packung müssen bei längerer Dauer dieses Zustands allmählich durch Überhitzung leiden und dann undicht werden. Diese Erscheinung mag bei der Versuchsmaschine eingetreten sein, doch konnte sie keinesfalls für sich allein die Ursache dafür gewesen sein, daß die Verpuffungsdrücke zu niedrig waren.

h) Aussetzer und Wasserauswurf.

Die zahlreichen Aussetzer, die sich höchst unerwartet bei der zweiten Pendelringgasmaschine wieder eingestellt hatten und durch bloße Gehörprobe festzustellen waren, finden schließlich ihre Erklärung unschwer darin, daß aufgerissene Wassertropfen durch den Spülstrom gegen die Hochspannungskerzen geworfen wurden; die geringen Strommengen der einzelnen Entladungen vermochten die nassen Brücken zwischen den Kerzenelektroden zu passieren, ohne sie zu zertrümmern. Auch das stoßweise Auswerfen von größeren Wassermengen in die Auspuffleitung war leicht zu erklären; es war die unvermeidliche Folge der Aussetzer. War nämlich ein Doppelkolben einigermaßen in Schwingung gekommen und im Begriff auf der einen Radseite einzuschwingen, dann vermochte er bei einer Fehlzündung des von ihm eben schwach verdichteten Gemisches nicht mehr um den vollen Betrag des vorausgegangenen Verdichtungshubs zurückzuschwingen. Er mußte also auf der aussetzenden Radhälfte die Steuerschlitze überfluten und ruckweise größere Wassermengen als normal in den Auspuff gelangen lassen. Auf der entgegengesetzten Radseite vermochte der kraftlose Doppelkolben nicht mehr so weit einzuschwingen wie vorher, dadurch wurde also auch die andere Radseite in Mitleidenschaft gezogen. Da an den Umschaltestellen des Leitrings immer neue Kolbenpaare sich zu Doppelkolben vereinigen, muß sich ein einziger Aussetzer durch die ganze Maschine hindurch bemerkbar machen. Beim Auftreten von Aussetzern ist die Erregung einer Pendelringmaschine ganz unmöglich, auch wenn sonst keine Gründe für ein Versagen vorliegen.

Die unerwartete Erscheinung, daß auch die hydraulisch verbesserte zweite Pendelringgasmaschine nicht vom Antrieb freiwerden konnte, dürfte somit kurz zusammengefaßt, folgende Gründe gehabt haben:

1. die Versuchsmaschine war zu klein,
2. sie erlitt Wärmeverluste durch aufgerissenen Wasserstaub,
3. sie war beim Anlassen nicht spritzsicher,
4. sie hatte Spül- und Ladefehler,
5. ihre Zündkerzen vertrugen keine Anfeuchtung.

Daß die Versuchsmaschine unter diesen Fehlern gelitten hat, ist sehr wahrscheinlich; es wäre aber aussichtslos, deren Größenordnung durch Laboratoriumsversuche feststellen zu wollen, denn diese müßten unter meist anderen als den in der Maschine vorhandenen Verhältnissen vorgenommen werden, und überdies erschwert die Maschine einen Vergleich mit Modellergebnissen dadurch, daß sie nicht indizierbar ist. Für die Entwicklung einer grundsätzlich neuen Maschine bleibt nur der eine Weg offen, die einmal erkannten oder vermuteten Ursachen von Störungen immer wieder in einer verbesserten Ausführung auszuschließen und den praktischen Versuch solange zu wiederholen, bis das Ziel erreicht ist. Bisher war nur eine wertvolle Erkenntnis erreicht und sie lautete: Das Pendelringgetriebe bedeutet für eine Zellenradgasmaschine mit ein- und ausschwingenden Wasserkolben einen entscheidenden Fortschritt gegenüber dem Umströmgetriebe, das nicht einmal für den Druckluftbetrieb brauchbar ist. Aber eine Zellenradgasmaschine mit Pendelringgetriebe verspricht nur in größeren Ausführungen Erfolg; sie benötigt außerdem im Interesse der Spritzsicherheit beim Anlassen größere Baulängen ihrer Wasserkolben als sie bisher für erforderlich gehalten wurden, und sie verlangt überdies eine Abdichtung ihrer Brennräume nicht nur gegenseitig, sondern vor allen Dingen nach außen mit besseren als den bisher benützten Mitteln. Durch diese Notwendigkeiten wird die Maschine verteuert; das wäre erträglich, denn sie wäre immer noch billiger als die gleichstarke Kolbenmaschine gewöhnlicher Bauart. Ihre Erprobung würde aber noch langwierige und kostspielige Entwicklungsarbeiten erfordern, deren Abschluß niemand im voraus bestimmen könnte.

Es ist verständlich, daß mit dieser Erkenntnis wieder eine Krise in der Entwicklung der Wasserkolbengasmaschine zusammenhing, denn sie fiel in eine Zeit des anscheinend unaufhaltsamen wirtschaftlichen Niedergangs der deutschen Maschinenindustrie, in welcher selbst die wichtigsten Aufschlußarbeiten bis aufs äußerste eingeschränkt werden mußten; dazu kam noch, daß auch die Eisenindustrie, die um das Jahr 1900 sich großzügig an der Entwicklung der Großgasmaschine beteiligt hatte, diesmal völlig versagte. Aber nun führte eine nochmalige Anlehnung der Gasmaschine an den Kompressor zu einer entscheidenden Wendung. Die erste derartige Anlehnung hatte Vogt versucht, sie war mißlungen; eine Anlehnung an die Luftpumpe ist von vornherein aussichtslos, und zwar in allen Abarten eines Läufers mit Umströmgetriebe; die dritte Anlehnung konnte an eine inzwischen geschaffene Bauart von Wasserkolbenkompressoren erfolgen, und sie ist anscheinend dazu berufen, endlich ans Ziel zu führen. Während der langwierigen Versuche mit dem Pendelringgetriebe war der Gedanke aufgetaucht, zur Spülung und Ladung der nassen Gasmaschine ebenfalls Maschinen mit umlaufenden Wasserkolben zu schaffen; dabei sollten jedoch die erörter-

ten Nachteile und Schwierigkeiten von Verdichtern mit Umströmgetrieben vermieden werden. Dies konnte nur dadurch geschehen, daß
die einzelnen Wasserkolben eines Zellenrads gegenseitig völlig abgeschlossen mit Hilfe eines Drehkolbengetriebes bewegt wurden.
Dadurch waren Spiegelhübe erzielbar, die nur durch das Drehkolbengetriebe und die Form des umschließenden Gehäuses bedingt wurden,
aber nicht mehr durch die Drücke in den Arbeitsräumen.

VII. Wasserkolben in Zellenrädern mit Drehkolbengetrieben.

Ein Drehkolbengetriebe für Wasserkolben kann grundsätzlich zwei
verschiedene Formen besitzen. Man kann, wie in Abb. 55 gezeigt, von
einem umlaufenden Zylinder aus einzelne Drehklappen schleppen lassen,
die an einem von ihnen umhüllten, exzentrisch gelagerten festen Zylinder geführt werden und an seitlichen Deckelflächen anliegen. Die

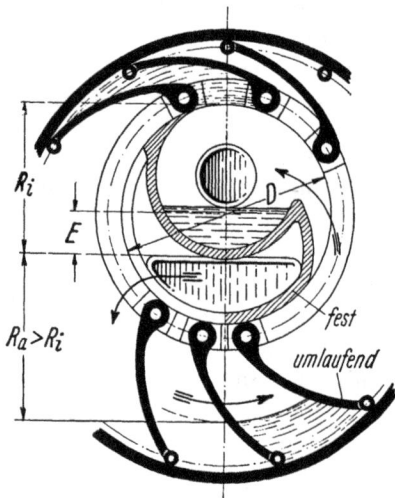

Abb. 55. Drehkolbengebläse mit Wasserkolben[1]). (Außenantrieb.)

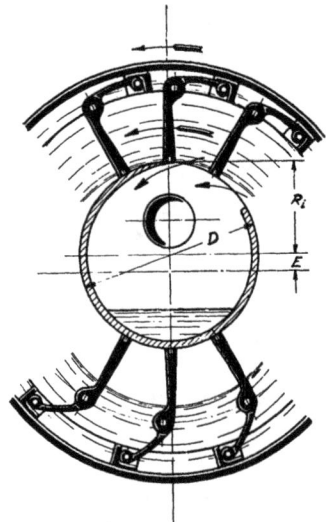

Abb. 56. Drehkolbenkompressor mit
Wasserkolben[2]). (Innenantrieb mit ge-
schlepptem äußeren Zylinder.)

zwischen den Klappen mitumlaufenden einzelnen Wasserkolben schließen gegenüber dem inneren Zylinder Zellenräume ein, die sich während
des Klappenumlaufs erweitern und verengern. Dabei liegen jedoch die
belasteten Führungsflächen der Drehklappen größtenteils trocken; deshalb eignet sich eine solche Bauart nur für geringe Luftpressungen. Man

---

[1]) DRP. Stauber, 520 399.
[2]) DRP. Stauber, 537 942.

kann aber auch die Drehklappen so wie es in der Abb. 56 schematisch
dargestellt ist, von einem Zellenrad aus schleppen und durch sie zugleich
einen sie umhüllenden exzentrisch gelagerten Führungszylinder mit-
nehmen lassen, gegen welchen sie sich mit ihren freien Enden anlegen.
In diesem Fall liegen die belasteten Führungsflächen der Drehklappen
dauernd unter Wasser, und sie erhalten überdies nur geringe Relativgeschwindigkeiten gegenüber dem mitumlaufenden Führungszylinder.
Eine solche Bauart verträgt höhere Luftpressungen und konnte einer
neuen Kompressorform zugrundegelegt werden.

In beiden Fällen liegen die Steueröffnungen für den Ein- und
Austritt der Luft auf dem Mantel der innenliegenden festen Zylinder;
überschüssiges Wasser kann deshalb aus reichlichen Querschnitten zusammen mit der verdichteten Luft nach innen abgestreift werden,
wobei sich die Luft kräftig abkühlen und dann wieder aus dem Wasser
freimachen kann. Ferner beteiligen sich in beiden Ausführungsarten
die den Läufer und die Wasserkolben umhüllenden Gehäusewände an
der Umlaufbewegung. Dieses Mittel, die Wasserreibung gegenüber dem
umhüllenden Gehäuse zu verringern, ist schon früher für nasse Kompressoren erwogen worden, wie aus Abb. 15 zu ersehen war, und ist in
der Tat von größtem Wert für Kompressoren und noch mehr für Ge-
bläse; denn der indizierten Arbeit gewöhnlicher Verdichter stünde sonst
bei Benützung festliegender Gehäusewände eine relativ zu große Reibungsarbeit gegenüber, welche den mechanischen Wirkungsgrad der
Maschine ungewöhnlich niedrig gestalten würde. Aber für Zellenräder
mit Umströmgetrieben eignet sich, wie an früherer Stelle nachgewiesen,
die kreisrunde Zylinderform des umhüllenden Gehäuses deshalb nicht,
weil sie sich nicht mit der Notwendigkeit verträgt, im freien Zwischenraum zwischen Läufer und Gehäuse Strömungsenergie ohne allzu große
Verluste in Pressung umzusetzen. Erst die nasse Drehkolbenmaschine
bringt die Möglichkeit, dem umhüllenden Gehäuseteil die für den Mit-
umlauf erforderliche zylindrische Form zu geben, denn in der Drehkolbenmaschine gibt es keinen freien Umströmraum zwischen Gehäuse und
Läufer; der letztere liegt vielmehr mit Hilfe seiner Drehkolben überall
an dem umhüllenden Gehäuse an. In einem solchen Zellenrad stehen die
einzelnen Wasserkolben überhaupt nicht mehr miteinander in Verbindung, sondern sie sind mit Hilfe der Drehkolben und der seitlichen
Deckelflächen gegenseitig völlig abgeschlossen. Sie sind deshalb auch
nicht mehr freiliegend unter dem Einfluß der Innendrücke wie in den
Wasserringluftpumpen, sondern ihre Bewegung nach innen wird von der
umhüllenden Gehäusewand und den Drehkolben eindeutig erzwungen,
während ihre Bewegung nach außen durch nichts anderes als die Schleuderwirkung des Läufers veranlaßt wird. Innere Gasdrücke haben dabei
nichts zu tun, ebensowenig wie über den Wasserkolben der Vogtschen
Maschine; vielmehr sind die Kolbenhübe hier wie dort ganz unabhängig

von Wassermasse und Gasarbeit. Die nasse Drehkolbenmaschine ist
eben keine Strömungsmaschine mehr, sondern eine Kolbenmaschine mit
einem Getriebe, das im Gegensatz zu demjenigen der Vogtschen Maschine
keinen platzraubenden und kostspieligen Kräfteumweg zwischen Wellen-
arbeit und Gasarbeit verursacht.

Selbstverständlich sind solche Drehkolbenmaschinen mit Flüssig-
keitskolben schon früher einmal erfunden worden, und zwar mit der in
Patentschriften üblichen Totalität als »Kraft- und Arbeitsmaschinen«.
Ein amerikanischer Erfinder[1]) hatte die Absicht, die aus der Abb. 57

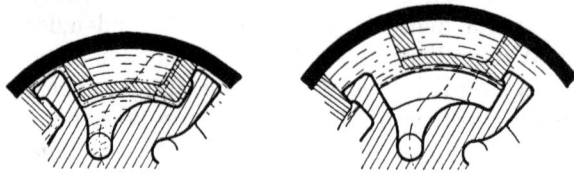

Abb. 57. Drehkolbenmaschine mit spritzunsicheren Wasserkolben.

zu erkennen ist, innerhalb eines festliegenden Gehäuses Gasarbeiten
unter den umlaufenden Flüssigkeitskolben eines Drehkolbengetriebes
zu entwickeln, und zwar hauptsächlich in den stark verengten Kanälen
eines Läufers, die mit axialen Fortsetzungen an die Steueröffnungen
der seitlichen Gehäusedeckel heranreichen sollten. Der Läufer war also
ebenfalls als Zellenrad gedacht, und als Drehkolben sollten Schlepp-
klappen von besonderer Form verwendet werden. Aber diese ältere
nasse Drehkolbenmaschine wäre schon als Kompressor unwirtschaftlich,
und zwar wegen der relativ zu großen Reibungsverluste der Wasserkolben
an den feststehenden Gehäusewänden; als Gasmaschine wäre sie sogar
völlig betriebsunfähig. Um in der Sprachweise des Patentamts zu reden:
»Der Fachmann konnte aus diesem amerikanischen Patent keineswegs
entnehmen, wie eine Drehkolbenmaschine mit Wasserkolben versehen
werden und gebaut sein müßte, um als Kraft- oder Arbeitsmaschine praktisch brauchbar zu werden.«

Um praktisch brauchbar zu werden, muß nämlich auch eine Drehkolbenmaschine bestimmte konstruktive Vorkehrungen gegen das
Schäumen ihrer Wasserkolben und gegen das Eindringen von Luft oder
Gas in den Wasserkörper erhalten. Von dieser Bedingung hatte aber der
amerikanische Erfinder und sein Patentprüfer offensichtlich ebensowenig eine Ahnung wie seinerzeit Vogt bei der Gestaltung seiner Wasserkolbengasmaschine. Vogt hatte, wie wir wissen, erwartet, daß die Gasdrücke über den Wasserkolben seiner Maschine deren Spiegel intakt
halten würden; der amerikanische Erfinder scheint vermutet zu haben,
daß die umlaufenden Flüssigkeitskolben einer Drehkolbenmaschine allein

[1]) Amerik. Patent Robertson. 1445559.

durch die Schleuderwirkung des Läufers veranlaßt würden, einer exzentrischen Gehäusewand auch beim Kolbenhub nach außen ohne weiteres mit glatten Spiegeln zu folgen. Dieser Irrtum läßt sich leicht widerlegen. Das Getriebe einer jeden Drehkolbenmaschine ist, wie aus der Abb. 58 zu ersehen, nichts anderes als eine Abart des gewöhnlichen Kurbelbetriebs mit ruhender Kolbenführung. In beiden Fällen ist M das Mittel der Welle, und in beiden Fällen erhält eine Scheibe K, die den Kolben des Triebwerks andeutet, innerhalb einer durch das Wellenmittel gerichteten Führung ABM bestimmte Hübe gegenüber dem Wellenmittel. Der gewöhnliche Kurbeltrieb benützt dazu von jeher die Kurbel OM und die Pleuelstange OK, und bei ihm ist der Hub der Scheibe K ein absoluter innerhalb der ruhenden Führung. Bei der Abart des Kurbeltriebs, die in der Drehkolbenmaschine benützt wird,

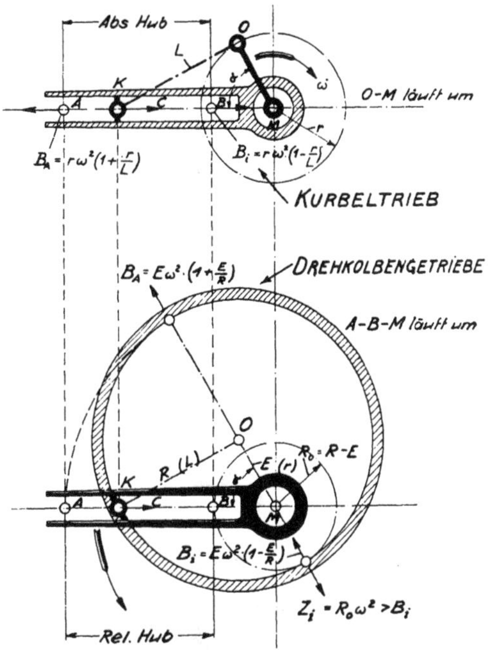

Abb. 58. Schema des Drehkolbengetriebes, gegenüber demjenigen des gewöhnlichen Kurbeltriebes. (Die ruhenden Teile sind schraffiert.)

liegt die Führung für die Scheibe K nicht fest, sondern sie rotiert selbst um das Wellenmittel M; aus dem vorher absoluten Scheibenhub wird hier ein relativer; aus dem Kurbelzapfenmittel O wird das festliegende Mittel des umhüllenden Gehäuses; aus dem Kurbelradius r wird die Gehäuseexzentrizität E und aus der Pleuelstangenlänge L wird der Gehäusehalbmesser R.

Selbstverständlich gelten für die Relativbewegung der Scheibe K innerhalb ihrer umlaufenden Führung die gleichen Gesetze wie für die absolute Bewegung innerhalb einer ruhenden Führung und damit ist klar, daß die Zwangsbewegung der Scheibe längs der exzentrischen Gehäusewand des Drehkolbengetriebes unbedingt »spritzsicher« sein muß, d. h. daß sich die Scheibe auch im Augenblick ihres geringsten Abstands R_0 vom Drehmittel keinesfalls von der Gehäusewand abheben kann. In diesem Augenblick wirkt zwar die Relativbeschleunigung B_i im Sinn einer solchen Abhebung, und zwar mit der Größe $B_i = E\omega^2 \cdot \left(1 - \dfrac{E}{R}\right)$; aber ihr entgegen wirkt die Schleuderbeschleunigung $Z_i = R_0\omega^2$.

Da

$$E \cdot \left(1 - \frac{E}{R}\right) = E \cdot \frac{R - E}{R} = E \cdot \frac{R_0}{R} = R_0 \cdot \frac{E}{R},$$

wobei $\frac{E}{R} < 1$, so ist stets $Z_i > B_i$. Die umlaufende Scheibe liegt also auch in ihrer Innenlage noch immer mit einem Überschuß von Schleuderdruck an der Gehäusewand an.

Für die Außenteile des einzelnen Flüssigkeitskolbens einer Drehkolbenmaschine bestehen die gleichen Verhältnisse, ganz unabhängig von der jeweiligen Bauform der Drehkolben; die äußeren Flüssigkeitsteile sind unbedingt spritzsicher. Das gilt aber nicht mehr für die Innenteile des Wasserkolbens und insbesondere nicht für seine Spiegelfläche. Deren Beschleunigungen sind, wie aus der Abb. 59 hervorgeht, keineswegs identisch mit denjenigen der Außenteile, wenigstens nicht ohne weiteres, denn sie werden durch das Verhältnis der Außenfläche F des Einzelkolbens an der verdrängenden und absperrenden Gehäusewand zur Spiegefläche f beeinflußt; unrichtige Formgebung der Zellenräume kann also die Spritzsicherheit der Spiegelflächen zerstören, das Eindringen von Luft oder Gas in die Wasserkörper verursachen und die Maschine unwirtschaftlich wenn nicht sogar unbrauchbar machen. Für einen »mittleren Wasserfaden« wird unter denselben vereinfachenden Annahmen, die auch bei den früheren Erörterungen als zulässig betrachtet wurden, die Beschleunigung an der Spiegelfläche im Augenblick des geringsten Abstands vom Drehmittel:

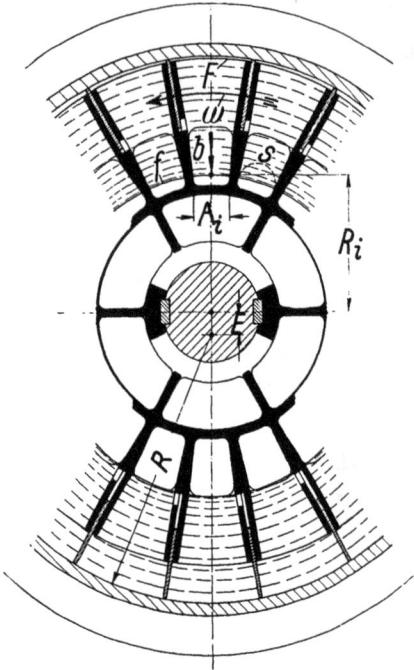

Abb. 59. Flachschiebergetriebe mit Wasserkolben.

$$B_i = E \, \omega^2 \cdot \left(1 - \frac{E}{R}\right) \cdot F/f.$$

Im Interesse völliger Spritzsicherheit an der Spiegelfläche ist somit das Konstruktionsgesetz zu beachten:

$$Z_i = R_i \, \omega^2 = \sigma \cdot E \, \omega^2 \cdot \left(1 - \frac{E}{R}\right) \cdot F/f.$$

In dieser dem neuen Verwendungszweck angepaßten Form ist das Gesetz zur Erzielung der Spritzsicherheit erstmals im Patent[1]) 520399 ausgesprochen worden; dem amerikanischen Erfinder einer nassen Drehkolbenmaschine war es zweifellos nicht bekannt, sonst hätte er nicht vorgeschlagen, die Flüssigkeitskolben von der Gehäusewand aus in immer enger werdende Gasarbeitsräume hineinzuquetschen. Die damit verknüpfte Veränderung des Verhältnisses F/f hätte unbedingt die Zerstörung der Spritzsicherheit zur Folge, und zwar in erheblichen Teilen der Flüssigkeitskolben, nicht nur an seinen Spiegeln.

Besonders aufschlußreich ist die Beziehung für den Grad der Spritzsicherheit von Wasserkolben in Drehkolbenmaschinen; sie lautet nämlich

$$\sigma = \frac{R_i}{E \cdot (1 - E/R)} \cdot f/F > 1.$$

Diese Beziehung sagt, daß die Übertragung der Verwendung von Wasserkolben auf Drehkolbenmaschinen von einem überraschenden Erfolg begleitet ist, der für die weitere Entwicklung der Wasserkolbenmaschinen entscheidend zu werden verspricht. Bei Zellenrädern mit Drehkolbengetrieben und gegenseitig abgeschlossenen mitumlaufenden Wasserkolben ist im Gegensatz zu allen vorher erörterten Arten von Wasserkolbenmaschinen die Spritzsicherheit der Wasserspiegel nur noch von Konstruktionsgrößen abhängig, und somit im voraus eindeutig durch die Einhaltung einer Konstruktionsvorschrift zu gewährleisten, die sich auschließlich auf das gegenseitige Verhältnis von Abmessungseinzelheiten der Maschine bezieht. Die nasse Drehkolbenmaschine kennt keine kritische Drehzahl wie die Vogt-Maschine, keine Vereinigung von kritischer Drehzahl und kritischem Druck wie die Pendelringturbine, ihre Hübe sind unabhängig von der Gasarbeit nur durch die Maschinenabmessungen bestimmt und im Betrieb unveränderlich. Um diese Hübe spritzsicher ausführen zu können, muß die Maschine bestimmte Abmessungen erhalten; ist sie aber in diesem Sinn richtig bemessen, so ist sie in allen möglichen Umlaufzahlen gleichsicher gegen das Zerspritzen ihrer Arbeitskolben und gegen das Eindringen von Gasen in die Wasserkörper. Ein mit Drehkolbengetrieben versehenes Zellenrad ist also nicht mehr wie ein solches mit Umströmgetriebe auf allerhöchste Umlaufzahlen bzw. Umfangsgeschwindigkeiten angewiesen, um gegenüber hohen Gasdrücken spritzsicher zu werden, sondern es kann ohne jede Gefahr für den Bestand seiner intakten Wasserkörper als erste nasse Umlaufmaschine so niedrige Umlaufzahlen erhalten, daß ein günstiger mechanischer Wirkungsgrad erreicht wird. Darin und in der Unabhängigkeit der Hübe von den Gasarbeiten liegt der entscheidende Fortschritt auf dem Gebiet der Zellenradgasmaschine.

---

[1]) DRP. Stauber, 520399.

Allerdings verliert die Drehkolben-Zellenradmaschine etwas an baulicher Einfachheit gegenüber den reinen Strömungsmaschinen, die nur starre Schaufeln besitzen, denn die beweglichen inneren Drehkolben machen die Maschine vielteilig, und das könnte auf den ersten Blick als Rückschritt betrachtet werden. Aber das bei gewöhnlichen Kolbenmaschinen übliche und berechtigte Vorurteil gegen schwingende Triebwerksteile und ihre schmierbedürftigen Zapfen wäre hier nur dann berechtigt, wenn es in der Drehkolbenmaschine ebenfalls zu einem Klappern abgenützter Zapfen in ihren Lagerschalen kommen könnte; das ist aber völlig ausgeschlossen. Wenn die Wasserkolben einer Zellenradmaschine spritzsicher sind, dann stehen auch die Zapfen ihrer Drehkolben ständig unter überschüssiger Fliehkraft; sie können sich nirgends von ihren Lagerschalen abheben, weder beim Richtungswechsel ihrer Relativbewegung, noch beim Druckwechsel, und somit auch nicht klappern. Immerhin ist im Interesse der Betriebssicherheit eine richtige Auswahl unter den verschiedenen Arten von Drehkolben zu treffen, denn das Getriebe muß Wasserschmierung vertragen und darf deshalb seine Führungsflächen am umhüllenden Gehäuse nur durch Fliehkräfte belasten, nicht aber durch Triebkräfte. Drehschieber entsprechen diesen Bedingungen am besten, denn sie machen mit den Arbeitsdrücken überhaupt keinen Umweg, sondern übertragen diese in jeder Lage direkt und ausschließlich auf ihre im Läufer angeordneten Drehzapfen. In der Abb. 60 ist das bekannte Schema der Tuboflex-Pumpe[1]) wiedergegeben. Die darin verwendeten Drehschieber liegen ständig unter Fliehkraftwirkung an der umhüllenden Gehäusewand an, deren eigenartige unrunde Form durch den unelastischen Zelleninhalt bedingt ist, und die Dichtung an den Außenkanten dieser Drehschieber leidet auch nicht durch Abnützung. Bei Drehkolbenverdichtern mit umlaufenden Wasserkolben werden sich solche Drehschieber noch besser bewähren als bei Pumpen, weil das umhüllende Gehäuse des Kompressors zylindrische Form erhalten und mitumlaufen kann. Wenn überdies der das Getriebe umhüllende Führungszylinder Rollenlagerung erhält, dann sind wohl alle Vorbedingungen für

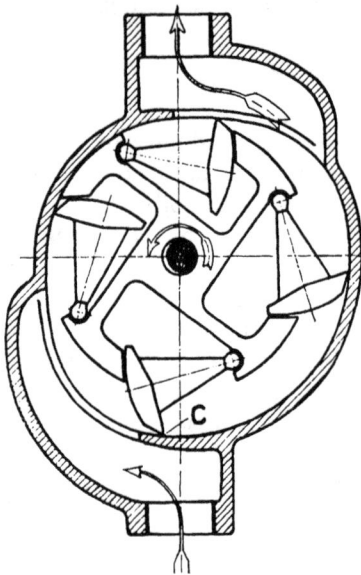
Abb. 60. Drehschieber der Tuboflex-Pumpe.

[1]) Tuboflex, G. m. b. H. Hamburg.

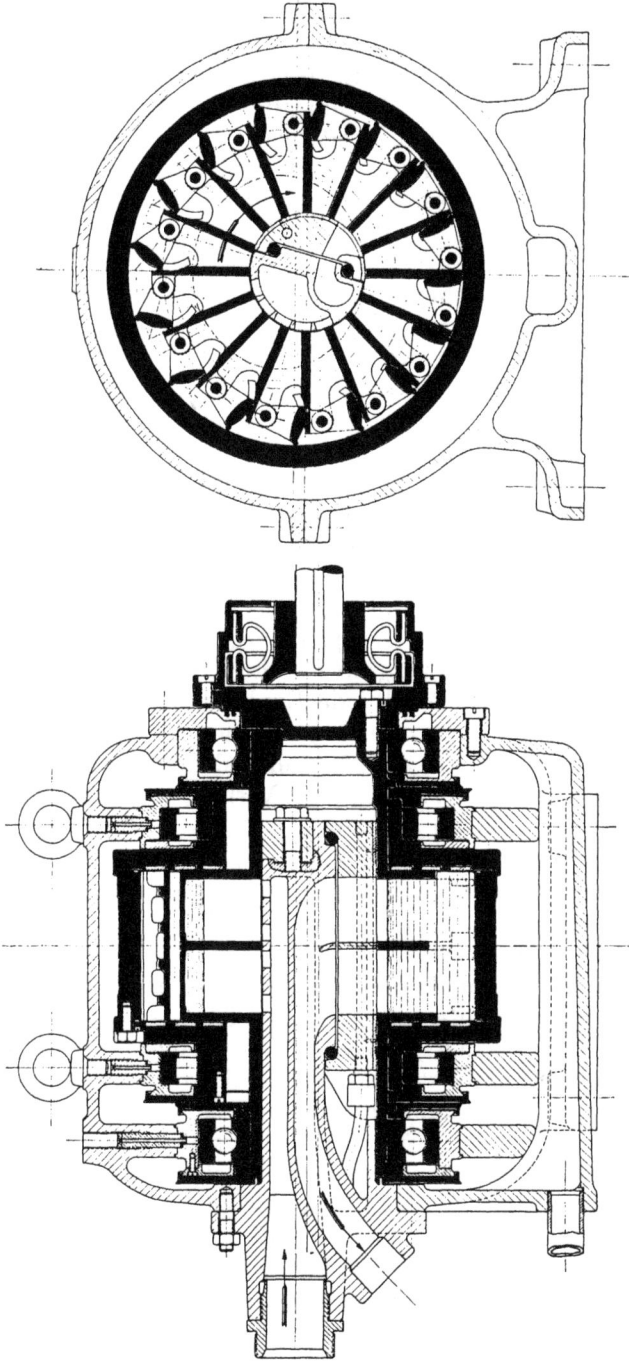

Abb. 61 und 62. Voith-Stauber-Kompressor.

die Betriebssicherheit und den günstigen mechanischen Wirkungsgrad der Maschine erfüllt.

Nach diesen Grundsätzen ist, gewissermaßen nebenbei, der »Voith-Stauber«-Kompressor der Maschinenfabrik J. M. Voith entstanden, der nach kurzer Entwicklungszeit marktfähig wurde und alle auf ihn gesetzten Hoffnungen erfüllte. In den Abb. 61 und 62 ist diese neue Kompressorbauart dargestellt. Ihr Läufer ist ein seitlich geschlossenes Zellenrad mit leichten, aus Preßstoff hergestellten Drehschiebern. Das Zellenrad und seine Drehschieber werden von einem mit seitlichen Abschlußscheiben versehenen Führungszylinder umhüllt, der die Wasserkolben des Zellenrads nach allen Seiten dicht abschließt und auf Rollen gelagert in freier Luft mit umläuft. Die Ein- und Austrittsöffnungen für die Luft liegen auf einem vom Zellenrad umhüllten inneren Steuerzylinder, von welchem aus im Bereich der Verdichtung und des Ausschubs eine zylindrische Schale elastisch und mit mäßigem Druck gegen die vorüberziehenden Radwände angepreßt wird. Auch an dieser Stelle ist Preßstoff verwendet, der sich bekanntlich gerade für die Schmierung mit Wasser vorzüglich eignet. Die Frage der Abdichtung der Arbeitsräume ist damit in einer einfachen und betriebssicheren Bauart gelöst. Ein solcher Kompressor vermag wegen seiner verschwindend geringen schädlichen Räume die üblichen Luftpressungen von 8 atü in einer einzigen Stufe zu erzeugen; er benötigt in seinen Arbeitsräumen keine Ölschmierung und vermeidet dadurch jede Explosionsgefahr in den Druckluftleitungen; er besitzt, bezogen auf isothermische Verdichtung, einen Gesamtwirkungsgrad von $\sim 57\%$ und bedeutet somit auf dem Gebiet der Kleinkompressoren zugleich eine Verbilligung und Verbesserung.

Erst mit dieser letzten Form einer Wasserkolbenmaschine ist das Problem gelöst, das den Erbauern der nassen Kompressoren nach Abb. 2 vorgeschwebt hat, für das sie aber damals vor 40 Jahren keine Lösung finden konnten und es ist reizvoll, sich vorzustellen, welche Entwicklung wohl die Brennkraftmaschinen eingeschlagen hätten, wenn man seinerzeit die Gründe des Versagens der von Riedler beschriebenen Bauart gründlicher untersucht und sogleich die erforderlichen Schlußfolgerungen aus solchen Untersuchungen gezogen hätte. Dann hätte sich Vogt, als er zum erstenmal den Schritt vom Kompressor zur Gasmaschine wagte, nicht ahnungslos an ein unbrauchbares Vorbild angelehnt, und wahrscheinlich wäre die Großgasmaschine schon damals eine Umlaufmaschine geworden, gegenüber welcher die trockene Gasturbine keine grundsätzlichen Vorzüge mehr bieten konnte. Was damals noch nicht möglich war, mußte sich nach der Erprobung von umlaufenden Wasserkolben in Drehkolbenkompressoren förmlich aufdrängen, und diesmal versprach die Anlehnung der Gasmaschine an den Kompressor einen sofortigen wesentlichen Fortschritt gegenüber allen vorher versuchten Formen von Wasserkolbengasmaschinen. Denn wenn eine

Zellenradgasmaschine an Stelle eines Pendelrings ein Drehkolbengetriebe erhält, dann wird sie zunächst wesentlich billiger, weil ihre Spritzsicherheit überhaupt nicht mehr von einer bestimmten Länge ihrer Wasserkolben abhängt; dann kann sie außerdem beim Anlassen ohne Schädigung ihrer Spritzsicherheit so langsam angetrieben werden, daß sie nur geringe Widerstände zu überwinden hat, um sich vom Antrieb freizumachen; dann vermag sie endlich schon beim Anlassen das Gemisch zu verdichten und kräftige Verpuffungen zu entwickeln, denn ihre Kolbenhübe sind

von den Gasdrücken ganz unabhängig und werden auch nicht durch etwaige Aussetzer in Frage gestellt. Damit entfallen also die wichtigsten der beobachteten oder vermuteten Gründe für die frühere Unmöglichkeit, eine Zellenradgasmaschine vom Antrieb freizumachen; als Drehkolbenmaschine eröffneten sich ihr so lockende Aussichten, daß man sich sogleich entschloß, die Versuche in der neuen Richtung weiterzuführen.

Die erste Drehkolbengasmaschine, deren Querschnitt in Abb. 63 dargestellt ist, mußte allerdings zunächst die engen und niedrigen Brennräume der letzten Pendelringgasmaschine

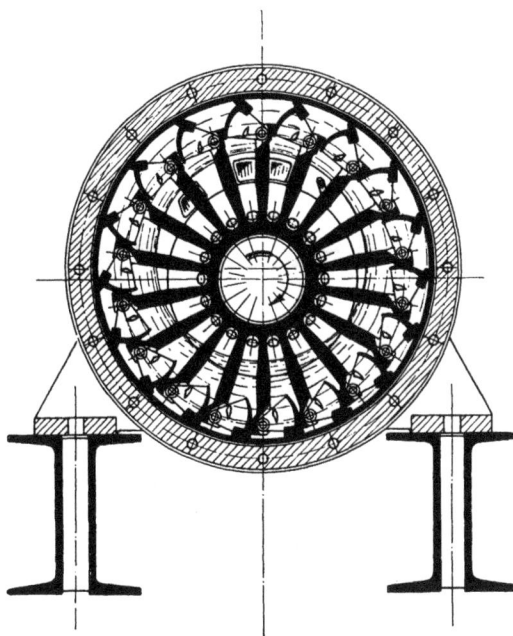

Abb. 63. Spritzsichere Drehkolben-Gasmaschine Voith-Stauber. (1930.)

beibehalten, die man irrtümlicherweise als Ursache zu niedriger Verpuffungsdrücke betrachtet hatte. Auch das Arbeitsverfahren der neuen Maschine war dasjenige ihrer Vorgängerin, nämlich ein Zweitakt, denn das kreisrunde exzentrische Gehäuse der Drehkolbenmaschine ermöglicht kein anderes. Das Triebwerk war grundsätzlich das nämliche wie dasjenige des Kompressors, d. h. ein Zellenrad mit entlasteten Drehschiebern und einem sie umhüllenden, mitumlaufenden Stützzylinder. Dieser war allerdings im Gegensatz zum Kompressor nicht auf Rollen gelagert, sondern auf einem wassergeschmierten Weichmetallfutter innerhalb des festliegenden zylindrischen Gehäuses. Man ging bei dieser Lagerung eines Stützzylinders von der Annahme aus, daß sich zwischen ihm und dem Weichmetallfutter ein tragfähiger Wasserfilm bilden werde, der auch ohne Wälzlagerung einen günstigen mechanischen Wirkungsgrad des Drehkolbengetriebes ermöglichen würde. Die Brennräume des Zellenrads waren, wie aus der Abb. 64 ersichtlich ist, in derselben Weise gegenseitig und nach außen abgedichtet wie diejenigen der letzten Pendelringgasmaschine; ein Notbehelf, denn die vorerwähnte Abdichtungsart des Kompressors läßt sich auf die Gasmaschine nicht übertragen. Die Spülung der Brennräume war

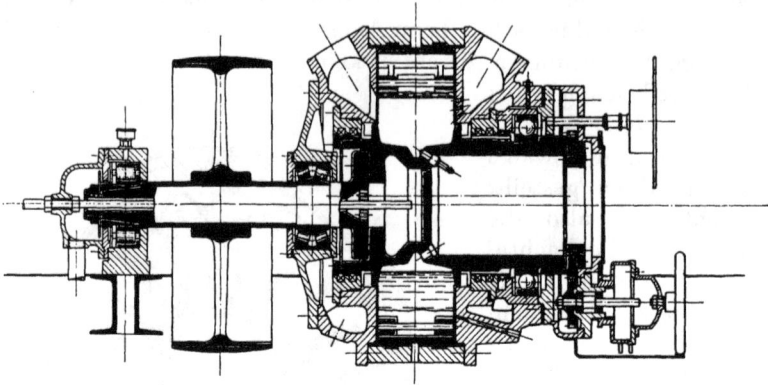

Abb. 64. Spritzsichere Drehkolben-Gasmaschine Voith-Stauber. (1930.)

keine Umkehrspülung mehr wie früher, sondern sie ging nun axial durch den Läufer hindurch, wobei sich der Spülstrom zunächst von den Wasserspiegeln entfernte und dann flach über sie hinwegzog. Die Ladung der Brennräume erfolgte wieder nach völligem Abschluß gegenüber den Spülluft- und Auspuffschlitzen und durch Einblasen von dünnen Gasstrahlen, aber diesmal von beiden Deckeln her zu gleicher Zeit; davon erwartete man eine besonders energische Mischung zwischen der Luft und den aufeinander aufprallenden Gasstrahlen. Zur Zündung des Gemisches wurde eine Spezialkerze von Bosch benützt, die eine verringerte Empfindlichkeit gegen die Benetzung durch Wassertropfen und eine erhöhte Sicherheit ihrer Isolatoren besitzen sollte. In dieser Form kam die Zellenradgasmaschine im Jahr 1930 wieder auf den Versuchsstand.

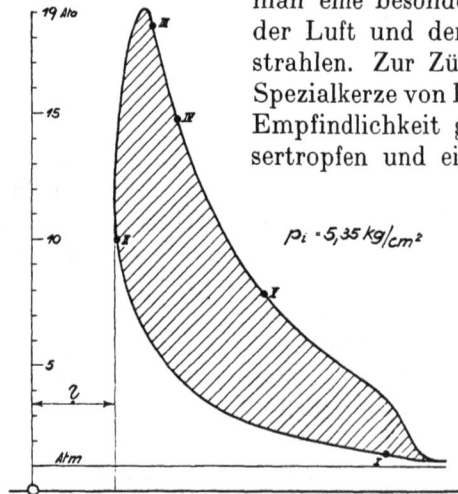

Abb. 65. Indikatordiagramm der Drehkolben-Gasmaschine Voith-Stauber.

Wie zu erwarten war, vermochte sich die neue Maschine beim Anlassen mit Leuchtgasgemischen ohne Schwierigkeit vom Antrieb freizumachen und Belastung aufzunehmen; sie arbeitete bei einer effektiven Höchstleistung von 65 PS und 900 Umdr./min mit einem mittleren indizierten Druck von 5,3 kg/cm². Das zugehörige Diagramm ist in Abb. 65 dargestellt; es konnte zwar nicht unmittelbar durch einen gewöhnlichen Indikator aufgezeichnet werden, sondern wurde aus einzelnen Druckmessungen am Umfang des Läufers zusammengestellt. Diese Messungen erfolgten jedoch mit größter Sorgfalt, und das Diagramm darf deshalb den sonst üblichen Genauigkeitsgrad auch für sich in Anspruch nehmen. Vor allem lieferte es endlich den erwünschten Aufschluß hinsichtlich des Druckverlaufs der Verpuffung in einem rasch umlaufenden Zellenrad; trotz der engen und niedrigen Brennräume dieser Kleinmaschine, trotz des Mißverhältnisses zwischen der Dicke der Gasräume und der Dicke der sie trennenden kühlen Wände verlief die Verpuffung ebenso präzis wie in gewöhnlichen Kolbenmaschinen.

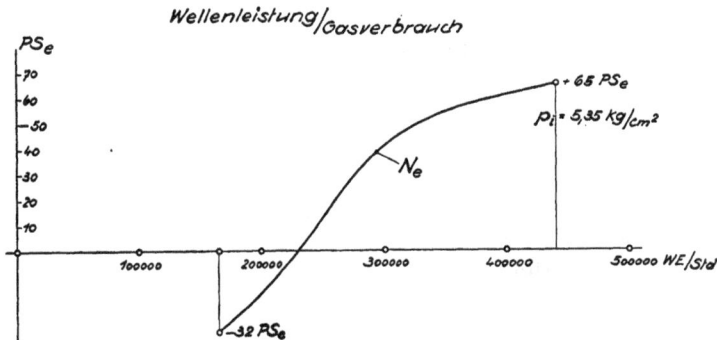

Abb. 66. Wärmeaufwand der ersten Drehkolben-Gasmaschine Voith-Stauber.

Damit ist die früher erörterte Vermutung endgültig widerlegt, es müßten in umlaufenden Wasserkolbenmaschinen während der Verpuffung unter allen Umständen ungewöhnlich hohe Wärmeverluste an die Wände sowie zu geringe Brenngeschwindigkeiten auftreten und als Ergebnis der beiden eine viel zu langsame und zu niedrige Druckentwicklung. Durch diese Widerlegung gewinnen natürlich die vermuteten übrigen Ursachen für das Versagen der beiden Pendelringgasmaschinen an Wahrscheinlichkeit. Dieser Aufschluß, sowie die Tatsache, daß mit dieser kleinen Versuchsmaschine die erste umlaufende Wasserkolbengasmaschine der Welt geschaffen worden ist, können nicht hoch genug bewertet werden.

Ein viel weniger erfreuliches Ergebnis hatten die Gasverbrauchsermittlungen bei Versuchen aus dem Jahr 1931; diese sind in der Abb. 66 zusammengestellt, in welcher der Verlauf der effektiven Arbeit über dem gesamten Wärmeaufwand der Maschine aufgetragen ist. Bei der Erzeugung des hohen Mitteldrucks von 5,3 kg/cm² hat die Maschine scheinbar einen Gesamtwirkungsgrad von nur 9,4% gehabt, denn sie hat stündlich 440000 WE verbraucht; verbraucht, aber nicht verbrannt, denn das konnte sie keinesfalls, wie nachstehend erörtert wird. Dieser ungeheure Wärmeaufwand der Versuchsmaschine wirkte aber für den Augenblick niederschmetternd; es kam hinzu, daß die seitlichen Abdichtungen des Läufers in den Ringspalten der Deckel versagten, und daß anscheinend im Zusammenhang damit sich die einmal erzielte Höchstleistung bei Wiederholung der Versuche nicht ebenfalls nach Belieben wiederholen ließ. Die Entwicklung der Zellenradgasmaschine erlitt deshalb von neuem eine empfindliche Stockung, die auch gegenwärtig noch nicht beendigt ist.

Für den flüchtigen Beobachter hatten nämlich diese Wärmeverbrauchsversuche von neuem eine Erfahrung bestätigt, die bereits an älteren Zweitaktmaschinen gemacht worden war und die hauptsächlich dazu beigetragen hatte, den Zweitakt als Arbeitsverfahren für Verpuffungsmaschinen in Mißkredit zu bringen. Bei solchen Zweitaktmaschinen, deren Ladung bei noch offenen Auspuffschlitzen beginnt, ist stets zu beobachten gewesen, daß Mitteldrücke über 4,5 kg/cm² nicht ohne gleichzeitige erhebliche Gasverluste in den Auspuff erreichbar waren. Die Gründe dafür leuchten ohne weiteres ein, die Gasverluste hängen mit dem Steuerverfahren zusammen und sind bei diesem unvermeidbar. Diese Erfahrung darf aber nicht falsch angewendet werden, sonst führt sie zu Trugschlüssen. Wenn insbesondere eine Zweitaktmaschine wie die vorliegende Drehkolbenmaschine das Gas allein und erst nach völligem Abschluß ihrer Brennräume gegenüber allen übrigen Steuerschlitzen zuführt, dann kann ein so hoher Gasverbrauch wie der an ihr beobachtete unmöglich auf Gasverluste während der Ladung zurückgeführt werden, sondern nur auf Verluste an nicht fühlbar gewordener Wärme, d. h. auf Verluste an unverbrannt gebliebenem Gas, das zwar während der Verdichtung und Verpuffung in den Brennräumen enthalten war, aber nicht mitverbrennen konnte. In solchen Zweitaktmaschinen sind aber die Gasverluste nicht unvermeidbar, denn sie beruhen nur auf einer ungenügenden Mischung zwischen Gas und Luft und auf Überfütterung der Maschine mit Gas, also auf einem Ladefehler, der sich mit baulichen Mitteln bekämpfen läßt, die bei einiger Ausdauer gefunden werden können.

Wenn man die wärmewirtschaftlichen Aussichten der Drehkolbengasmaschinen richtig beurteilen will, muß man also zweierlei untersuchen. Zunächst die Frage, ob die vorliegende Versuchsmaschine mit dem in ihr wirklich verbrannten Gas wärmetechnisch schlechter gewirtschaftet hat als eine gewöhnliche Viertaktmaschine von gleicher indizierter Leistung; und dann die andere Frage, welche baulichen Gründe für die offenbare Unmöglichkeit bestanden haben, das ihr zugeführte Gas ebenso vollkommen zu verbrennen wie es in Viertaktmaschinen erreichbar ist. Zur ersten dieser beiden Fragen ist zu überlegen, welche Wärmemenge in der Maschine höchstenfalls an der Erzeugung des Mitteldrucks von 5,3 kg/cm² beteiligt gewesen sein kann; nur davon hängt ihr indizierter Wirkungsgrad ab, d. h. der Wert

$$\eta_i = \frac{N_i \cdot 632}{Q_{\shortmid\shortmid}} = \frac{V \cdot P_i \cdot n \cdot 632}{Q_{\shortmid\shortmid} \cdot 60 \cdot 75}.$$

(Darin bedeutet bekanntlich:

$V = $ Hubraum während einer Umdrehung in m³,
$P = $ Mitteldruck in kg/m²,
$n = $ Umlaufzahl in der Minute,
$Q_{\shortmid\shortmid} = $ umgesetzte Wärmemenge pro Stunde in WE.)

Die Maschine verarbeitete ein Leuchtgas mit einem unteren Heizwert von 4250 WE/m³ bei 15° C und einem Druck von 735 mm; ihr Hubraum betrug während einer Umdrehung insgesamt 10 l; sie begann die Verdichtung bei 80% Hubraumfüllung mit einem Aufladedruck von 1,5 at und schätzungsweise mit einer Aufladetemperatur von 330° abs.; ihr Auspuff- und Spülvorgang war, wie der Verlauf im Indikatordiagramm erkennen läßt, anscheinend durch Widerstände in der Auspuffleitung beeinträchtigt, so daß die übliche Annahme berechtigt erscheint, daß die Verbrennungsrückstände beim Spülvorgang auf den Betrag des Endraums der Verdichtung beseitigt worden sind, aber nicht völlig.

Die größtmögliche Gasmenge hätte im Hubraum der Drehkolbenmaschine dann erfaßt und zur Verbrennung gebracht werden können, wenn Gas und Luft ohne Luftüberschuß und »chemisch homogen« gemischt den gesamten bei Beginn der Verdichtung verfügbaren Anteil des Hubraums eingenommen hätten; dann hätte die Maschine stündlich 398 000 WE in indizierte Arbeit umgesetzt. Das ist bereits erheblich weniger als die tatsächlich aufgewendeten 440 000 WE, kann aber in Wirklichkeit keinesfalls an der Erzeugung der Innenarbeit vom Mitteldruck 5,3 kg/cm² mitgewirkt haben, denn es ist praktisch undenkbar, Gas und Luft so vollendet zu mischen, insbesondere unmöglich in der kurzen Zeit, die bei einer Maschine mit Gaseinblasung für den Mischvorgang zur Verfügung steht. Selbst beim Viertaktverfahren ist ja mit den üblichen Mischvorrichtungen nur ein »mechanisch gleichartiges« Gemisch erzielbar und auch dieses hat nach allgemeiner Auffassung nur dann Aussicht, das in ihm enthaltene Gas restlos verbrennen zu lassen, wenn der gesamten Gasmenge innerhalb der Ladung ein gleichmäßig verteilter Luftüberschuß von mindestens 25% gegenübersteht. Bei geringerem Luftüberschuß bleibt ein Teil des Gases unverbrannt, und das gleiche Ergebnis ist zu erwarten, wenn das Gas zu ungleichartig in die Luft eingemischt ist; denn in diesem Fall bilden sich Gemischanteile, die entweder wegen Luftmangel oder wegen Gasmangel die Grenzen der Brennfähigkeit überschreiten.

Wäre die Untersuchung der Maschine auf die Auspuffgase ausgedehnt worden, dann wäre die in der Maschine stündlich verbrannte Gasmenge leichter festzustellen; zu Abgasanalysen war es jedoch nicht gekommen. Es bleibt also heute nur der Weg der Schätzung übrig, und zwar deshalb, weil auch die wärmetechnische Nachrechnung des Indikatordiagramms in diesem Fall versagt. Sie war für die Indikatordiagramme der Humphrey-Pumpe durchführbar, weil sich in dieser das Größenverhältnis des Endraums der Verdichtung zum Hubraum genau ermitteln ließ; das ist in der Drehkolbenmaschine unmöglich. Wird nun einmal angenommen, daß die Einlagerung des eingeblasenen Gases in der Drehkolbenmaschine ebenso günstig erfolgt war wie in einer gewöhnlichen Viertaktmaschine, d. h. mit einem Luftüberschuß von 25% und in ebenso gleichartiger Mischung, und wird ferner angenommen, daß die Arbeitsräume der Drehkolbenmaschine außer diesem mechanisch gleichartigen Gemischkörper nur noch Verbrennungsrückstände enthalten hätten, und zwar in dem vorerwähnten Raumanteil und in scharfer gegenseitiger Abtrennung, dann hätte die Maschine stündlich 315 000 WE umsetzen können. Da ihr jedoch stündlich 440 000 WE aufgezwungen worden sind, konnte sie in einem mit 25% Luftüberschuß gebildeten gleichartigen Gemischkörper nur 296 000 WE enthalten haben und auch diese nur unter der Voraussetzung, daß der Gasrest von 144 000 WE als unbrauchbarer, Raum beanspruchender, unverbrennlicher Ballast ebenso scharf gegenüber dem Gemischkörper abgegrenzt war wie die Verbrennungsrückstände.

In Wirklichkeit konnten in der Drehkolbenmaschine nicht einmal diese 296 000 WE bei der Verpuffung freigeworden sein, denn es ist praktisch selbstverständlich ausgeschlossen, daß das zu dieser Wärmemenge gehörende Gemisch so gleichartig gebildet war wie in einer mit gutem Mischventil versehenen Viertaktmaschine, und daß es dem Überschußgas von 144 000 WE und den Rückständen in scharfer Abtrennung gegenübergelegen hatte. Daß keines von beiden der Fall war, verrät deutlich der Verlauf der Leistungskurve über dem Wärmeverbrauch in Abb. 66. Der mittlere indizierte Druck von 5,3 kg/cm² hatte sich nur durch bewußte Überfütterung der Maschine mit Gas erzwingen lassen, und er war offenbar auch zuletzt noch steigerungsfähig, denn die Leistungskurve zeigte auch bei der Zuführung von stündlich 440 000 WE immer noch eine schwache Tendenz nach oben. Dieser Charakter der Leistungskurve einer Zweitaktmaschine muß als Beweis dafür angesehen werden, daß in ihren Brennräumen von Anfang an Luftnester vorhanden waren, die an der Verbrennung nicht mitwirken konnten und auch gasarme Nester, die noch zu wenig Gas enthielten, um brennbar zu sein. Erst bei der Überfütterung der Maschine mit aufgeladenem Gas kam durch die Mitwirkung der Luft in den vorher gasleeren oder gasarmen Nestern insgesamt mehr Gas zur Verbrennung mit dem Erfolg der Leistungssteigerung der Maschine, aber gleichzeitig mußten sich nunmehr Gasnester bilden, die zu wenig Luft enthielten, um mitverbrennen zu können.

Wieviel von den vorerwähnten 296000 WE, die einen scharf abgegrenzten, in sich gleichartig mit 25% Luftüberschuß gebildeten Gemischkörper zur Voraussetzung hatten, unter den in Wirklichkeit vorliegenden Einlagerungsverhältnissen an der Verbrennung teilnehmen konnten, muß geschätzt werden. Wird dieser Anteil hoch eingeschätzt und auf Grund von Analogien zu 85% veranschlagt, dann waren an der Erzeugung der Gasarbeit vom Mitteldruck 5,3 kg stündlich nur noch 252 000 WE beteiligt; dann hätte die Drehkolbenmaschine das wirklich zur Verbrennung gelangte Gas mit einem indizierten Wirkungsgrad von $\eta_i = 27\%$ verarbeitet. Dann wäre sie trotz ihrer engen, langen und stark gekühlten Brennräume kaum schlechter gewesen als eine gewöhnliche Kleingasmaschine von gleicher Leistung und gleicher Drehzahl, und dann hätte die Zellenradgasmaschine in der Tat gehalten, was der Vergleich mit der Humphrey-Pumpe erwarten ließ. Für die Richtigkeit dieser Beweisführung spricht zunächst nur der vorzügliche Verlauf des Indikatordiagramms der Maschine, das mit einem grundsätzlich schlechten Arbeitsvorgang nicht zu vereinbaren ist. Ihr verblüffend ungünstiger Gesamtverbrauch an Gas beruhte keinesfalls auf ausnehmend schlechter Wirtschaft mit der durch die Verpuffung freigewordenen Wärme, sondern in erster Linie auf zu ungünstiger Einlagerung des Gases in die Brennräume; das darf jetzt schon ausgesprochen werden, noch bevor ein verbesserte Drehkolbenmaschine und eine gründlichere Untersuchung den Beweis dafür zu liefern vermögen. Es kann als sicher gelten, daß das gleichzeitige Einblasen des Gases von beiden Deckeln her in der Mitte der Laderäume zu einer Zusammenballung von Gas geführt hat, weil die direkt aufeinander prallenden Gasstrahlen sich gegenseitig die Zirkulation durch den ganzen Laderaum einer Zelle unmöglich machten. In Zweitaktmaschinen, in denen vor der Verdichtung Gas allein zugeführt wird, muß offenbar dafür gesorgt werden, daß das eingeblasene Gas in ungehinderter heftiger Zirkulation wiederholt den ganzen Laderaum durchströmt und mit der von ihm durchdrungenen Luft einen Wirbel bildet, der auch während der Verdichtung in Rotation bleibt und sich dabei immer mehr verengt. Bei dieser Rotation, die durch mehrere dünne tangential gegen die Wand des Laderaums gerichtete Gasstrahlen eingeleitet und aufrechterhalten wird, gelangen die schwereren Luftteile nach außen und ermöglichen es dem Gas, den ganzen Kern des Laderaums zu erfassen und zu erfüllen. Dieses Ziel ist erreichbar; es wäre also falsch, zu behaupten, daß eine mit Einzelzuführung von Gas betriebene Zweitaktmaschine grundsätzlich keine hinreichende Mischung zwischen Luft und Brennstoff erzielen könne und deshalb unvermeidlich große Gasverluste in Kauf nehmen müsse.

In zweiter Linie wurde der auf die effektive Leistung bezogene zu

hohe Gasverbrauch der ersten Drehkolbenmaschine durch ihren ungewöhnlich schlechten mechanischen Wirkungsgrad verschuldet. Mit einem
Mitteldruck von 5,3 kg/cm² hätte die Maschine in einem aussetzerlosen
Betrieb eine indizierte Maschinenleistung von 107 PS_i entwickelt, von
welcher nur eine Wellenleistung von 65 PS_e übrig geblieben ist, so daß
der mechanische Wirkungsgrad des Läufers nur etwa 60% betragen
haben würde. Dieser Wert ist unwahrscheinlich niedrig. Daß die Wasserreibung im Gehäuse für sich allein nicht 42 PS verschlungen haben
konnte, beweisen die an früherer Stelle erwähnten Modellversuche mit
Zellenrädern. Die Maschine hat mit Umfangsgeschwindigkeiten unter
27 m/s gearbeitet, und dafür wären geringere Reibungsverluste zu erwarten gewesen. Allerdings mag die Bildung eines tragenden Wasser-
films zwischen dem mitumlaufenden Stützzylinder der Drehschieber und
dem ruhenden Gehäusezylinder nicht ganz vollkommen gewesen sein,
so daß an Stelle der erwarteten reinen Flüssigkeitsreibung eine gemischte
Reibung zwischen Stützring und Gehäuse entstand. Dieser Mangel
läßt sich in Zukunft beseitigen, er war aber sicher nicht die einzige Ursache für die erhebliche Differenz zwischen der indizierten und der effektiven Leistung der Drehkolbenmaschine. Eine dritte Schwäche der
vorliegenden Bauart scheint den Ausschlag gegeben zu haben.

Diese Schwäche hat sich durch die Tatsache verraten, daß es vom
Zustand der beiderseitigen Stopfbüchsen des Läufers abhing, ob sich bei
Wiederholung der Versuche die einmal erreichte effektive Wellenleistung
wieder erreichen ließ oder nicht. Das kann nur auf Aussetzer zurückgeführt werden, die schon bei einer Wellenleistung von 65 PS_e vorhanden
waren und die im Zusammenhang mit einer schlechter gewordenen Abdichtung zwischen den zylindrischen Dichtungsflächen des Radkörpers
und den beiderseitigen Deckeln zahlreicher wurden. Eine Erklärung
dafür ist unschwer zu geben. Wie bereits erwähnt, lagen die zylindrischen
Dichtungsspalte des Läufers etwa in Hubmitte der Wasserkolben und
somit im Gebiet der höchsten Innendrücke unter Wasser, im Gebiet der
Spülung aber nicht. Wenn nun die Packung eines derartigen Ringspalts,
der an jeder Stelle seines Umfangs unter anderem Druck steht, so schlecht
dichtete, daß sie Wasser nach außen gelangen ließ, dann ist es selbstverständlich, daß Wasser durch tangentiales Umströmen innerhalb des
Ringspalts auch in die Spül- und Ladezone gelangt ist. Dort konnte
es sich in die unter geringerem Innendruck stehenden Radzellen zurück-
drängen und mußte dann in den Spülstrom geraten, der einzelne Wassertröpfchen gegen die Zündkerzen schleuderte und sie kurzschloß. Anders
als in dieser Form ist ein Zusammenhang zwischen dem Zustand der
Stopfbüchsen des Läufers und seiner Leistung nicht denkbar, denn
ein Nachlassen der effektiven Wellenleistung wegen eines etwaigen Ver-
lustes an Gas, das aus undichten Ringspalten entwichen sein könnte, ist
deshalb unmöglich, weil die Ringspalte, wenn undicht, im ersten Hub-

teil der Wasserkolben unter höherer Pressung stehen als das Gemisch
in den Brennräumen. Im zweiten Hubteil der Wasserkolben kann an
sich durch undichte Ringspalte kein Gemischverlust entstehen, weil dort
das Gemisch unter völligem Wasserabschluß weiterverdichtet wird. Es
wird also in Zukunft dafür gesorgt werden müssen, daß am Steuerdeckel
im Bereich der Gasarbeitsräume nur noch tangential mit Hilfe von Lamellen abgedichtet zu werden braucht, nicht aber zugleich in axialer
Richtung. Dann ist ein Umströmen von Wasser im Ringspalt und ein
damit zusammenhängender Energieausfall durch Aussetzer unmöglich,
denn die Lamellen erfüllen ihre Aufgabe der tangentialen Abdichtung
einwandfrei. Wie diese Erleichterung zu verwirklichen ist, wird später
gezeigt.

Zusammenfassend läßt sich über die erste Drehkolbengasmaschine
folgendes sagen: Ihr schlechter Gesamtwirkungsgrad beruhte nicht auf
grundsätzlichen wärmetechnischen Schwächen, sondern auf baulichen
Fehlern, die sich in Zukunft vermeiden lassen. Beurteilt man ihr rein
wärmetechnisches Verhalten nach dem Indikatordiagramm, welches
die Form einer normalen Auflademaschine gewöhnlicher Bauart besitzt,
dann war diese erste Drehkolbengasmaschine, die eine positive Arbeit
zu leisten vermochte, auch wärmetechnisch ein Erfolg, auf dem man zu
gegebener Zeit weiterbauen kann.

VIII. Ausblick.

Im Vorwort ist angedeutet, daß das gesteckte Ziel heute bis auf
wenige Schritte erreicht sei; in der Tat darf auf Grund der im Lauf der
Jahre durch Versuch und Überlegung gewonnenen Einzelerkenntnisse
behauptet werden, daß es bereits greifbar geworden ist. Denn die hauptsächlichsten Merkmale der neuen Gasmaschine, durch welche diese
ohne wärmetechnische Verschlechterung billiger und betriebssicherer
werden kann als die bisher üblichen liegenden oder stehenden Bauarten,
lassen sich genau angeben.

1. Die neue Gasmaschine muß eine Wasserkolbenmaschine sein;
dann braucht sie weder außen eine besondere Kühlung, noch innen eine
besondere Schmierung und wird dadurch betriebssicherer.

2. Die neue Gasmaschine muß eine Zellenradmaschine sein;
dann erfordert sie keine besonderen Steuerorgane, vermeidet auch jeden
Kräfteumweg zwischen ihren Brennräumen und der Welle und wird
dadurch billiger.

3. Die neue Gasmaschine muß als Getriebe für ihre umlaufend
schwingenden Wasserkolben Drehkolben verwenden; dann wird ihre
Spritzsicherheit unabhängig von Wasserinhalt, Gasdruck und Umlauf-

zahl und läßt sich bei entsprechender Wahl der Getriebeabmessungen derartig erhöhen, daß die Zwangsbewegung ihrer Wasserkolben keine Schaumbildung verursachen kann.

4. Die neue Gasmaschine muß als Drehkolben Drehschieber verwenden, dann wird ihre Gehäusewand frei von Triebwerksdrücken.

5. Die neue Gasmaschine muß die Spiegelflächen ihrer Wasserkolben nicht nur gegen Schaumbildung schützen, sondern auch gegen zu starke Ausschläge, welche durch die Coriolisbeschleunigung verursacht werden können und überdies noch gegen Beschädigungen von der Gasseite her, sei es durch den Spülstrom oder durch die Druckwellen beim Verpuffen des Gemisches. Denn unruhige Spiegelflächen vertragen sich grundsätzlich nicht mit der Schlitzsteuerung des Läufers, deren Steuerkanten im Spülbereich nicht durch Wellenberge überflutet werden dürfen; auch wären unruhige Wasserspiegel dem Aufreißen durch den Spülstrom besonders stark ausgesetzt. In einer Drehkolbengasmaschine kann die wichtige Aufgabe des Spiegelschutzes, wie aus der

Abb. 67. Drehschieber mit Schutzdeckeln. (Entwurf.)

Abb. 67 zu erkennen ist, besonderen Schutzdeckeln[1]) übertragen werden, die sich zwangläufig mit den Drehschiebern bewegen, an denen sie befestigt sind. Diese Schutzdeckel können verschiedene Bauarten erhalten; besonders vorteilhaft dürfte es sein, die unter den Wasserspiegeln in der Drehrichtung periodisch an die vorangehenden und nachfolgenden Zellenwände heran drängenden Wassermassen durch eine mit Löchern versehene Umlenkfläche abzufangen, und über dieser Umlenkfläche durch dünne Blechwände senkrecht und parallel den Zellenwänden die Spiegelfläche gitterartig in kleine Einzelteile zu zerlegen. Während der Spülung ragen diese Blechwände über die kleinen zwischen ihnen liegenden Spiegelflächen hervor und schützen sie gegen das Aufreißen; durch die Löcher der Umlenkfläche wird ferner die Auswirkung des Wasserstaues auf die kleinen Spiegelteile gedämpft. Durch einen solchen Spiegelschutz erhält zwar die Maschine weitere bewegliche Innenteile und Zapfen, aber für

---

[1]) DRP. Stauber, 589786.

diese gilt dasselbe wie für die Drehschieber selbst; sie können nicht klapprig werden, denn sie unterliegen stets einem nach außen gerichteten Überschuß der Schleuderbeschleunigung, und ihre Beschleunigungsdrücke, die in den Verbindungszapfen wirken, lassen sich durch die Verwendung von Leichtmetall sehr niedrig halten.

6. Die neue Gasmaschine muß eine axiale Abdichtung ihrer Brennräume entbehrlich machen, insbesondere eine solche nach außen; das gelingt mit den einfachsten Mitteln dann, wenn die einzelnen Wasserspiegel so wirksam geschützt sind, daß sie eine Umkehrspülung vertragen. Dann läßt sich nämlich, wie es in Abb. 68 dargestellt ist[1]), für eine Zwillingsform des Läufers die gesamte Steuerung der Gasarbeitsräume nach innen legen und an den Seitenflächen eines gemeinsamen Steuergehäuses vereinigen. Durch diesen Gehäuseteil hindurch sind die beiden Hälften des Läufers miteinander verbunden, und der hier vorhandene Spalt zwischen Läufer und Steuergehäuse, etwa in Hubmitte der Wasserkolben angeordnet, verlangt wohl noch eine Abdichtung, aber nur noch eine solche gegen das tangentiale Umströmen von Wasser aus höheren in niedrigere Druckgebiete. Denn die beiden Läuferhälften des Zwillings liegen derartig nebeneinander,

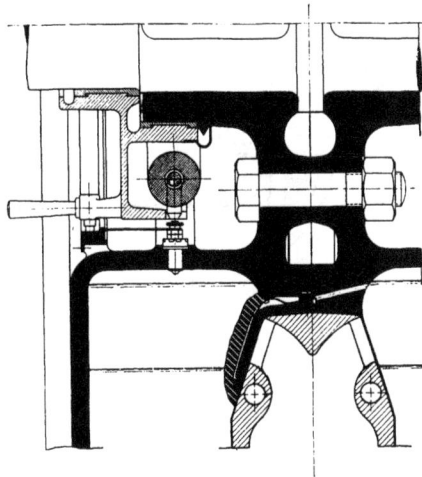

Abb. 68. Zwillingsmaschine ohne Stopfbüchse. (Entwurf.)

daß sich im gemeinsamen Ringspalt axial jeweils gleiche Pressungen gegenüber stehen. Die gesamte Abdichtung der Brennräume, für die sich früher keine befriedigende Lösung finden ließ, kann nunmehr den in den Zellenwänden angeordneten Lamellen übertragen werden, die eine Fortsetzung in den Ringspalt hinein erhalten, so daß sich für die tangentiale Abdichtung des Läufers an den Seitenflächen des Steuergehäuses und im Ringspalt schmale, elastisch angepreßte und direkt ineinander übergehende Dichtungsflächen ergeben. Alle diese durchlaufenden Lamellen gelangen während des Umlaufs auf ganzer Länge abwechselnd in den Bereich von Gas und Wasser, wobei sie selbsttätig und zuverlässig gekühlt und geschmiert werden. Im Bereich der Gasarbeitsräume ist bei dieser Bauart des Läufers nach außen überhaupt keine Abdichtung nötig und diejenige von Brennraum zu Brennraum ist praktisch vollkommen. Die Abdichtung des Läufers nach außen, die selbstverständ-

---

[1]) DRP. Stauber, 611347.

lich nicht völlig vermeidbar ist, wird an andere Stellen gelegt, wo eine
Umströmung von Druckgebiet zu Druckgebiet die Gasräume nicht mehr
zu treffen vermag, d. h. völlig in den Wasserbereich, und zwar am
Umfang des Läufers. Dort schließen die erheblichen Umfangsgeschwindigkeiten der beiderseitigen Läuferscheiben Anliegedichtungen natürlich
aus; auch verlangt die Betriebssicherheit der Maschine, daß die an diesen
Stellen erforderlichen Abdichtungen verschleißfrei arbeiten und keine War-

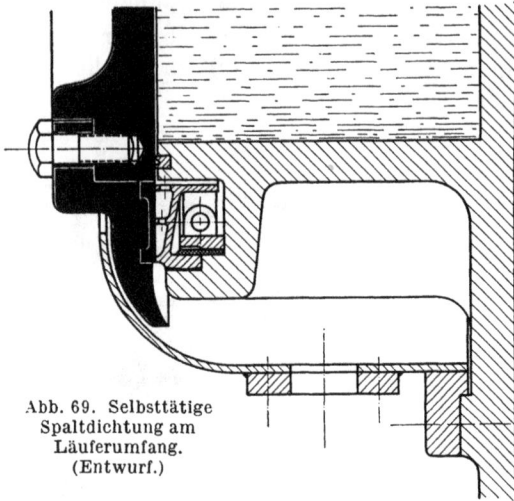

Abb. 69. Selbsttätige
Spaltdichtung am
Läuferumfang.
(Entwurf.)

tung beanspruchen. Diesen
Anforderungen vermag nur
der an früherer Stelle bereits
erwähnte, sich selbsttätig
auf kleinste Spaltbreiten
einstellende Spaltring zu
genügen, der sich für
reines Wasser, auf welches
hier gerechnet werden darf,
vorzüglich bewährt hat. In
der Abb. 69 ist gezeigt, wie
ein derartiger Spaltring am
Umfang des Zwillingsläufers
angeordnet sein kann. Das
zwischen Läufer und Ge-
häuse austretende Betriebswasser gelangt über einen
Zwischenraum, in welchem ein Druckausgleich mit Umströmung erfolgt,
in den Bereich des Spaltrings, den es auf einem Film von wenigen Hunderteln Millimeter trägt. Auf so großem Durchmesser angewendet, scheint
diese Dichtungsart zwar den Anlaß zu sehr beträchtlichem Wasseraustritt
zu geben, trotz des so geringen Spalts, aber in dieser Beziehung wird leicht
ein Trugschluß gemacht, der zu erörtern ist. Für ein bestimmtes Beispiel verliert der Läufer aus den zwei Seitenspalten der Zwillingsanordnung stündlich 6 m³ Wasser; das scheint auf den ersten Blick sehr viel zu sein. In
der gleichen Zeit läßt aber der gleiche Läufer im Hubraum seiner Kolben
480 m³ Wasser als Energieträger arbeiten, und bezogen auf diese wirksam
gewesene Wassermenge beträgt der Spaltverlust nur 1,5%. Dieser Spaltverlust, der zu den Reibungsverlusten der Gesamtmaschine hinzukommt,
verschlechtert also den mechanischen Wirkungsgrad um einen gewissen
Betrag, aber dieser Zuwachs steht in keinem Verhältnis zu der Vereinfachung der Gesamtmaschine. Die gänzliche Befreiung der Maschine
von der Abdichtung ihrer Brennräume nach außen wiegt viel schwe-
rer, sie ist geradezu entscheidend für eine Zellenradgasmaschine. Es ist
also nur dafür zu sorgen, daß das in dünnsten Schleiern ständig den
Läufer verlassende Spaltwasser äußerlich nicht stört; es muß gefaßt
und abgeführt werden. Das bietet keine Schwierigkeit.

7. Die neue Gasmaschine muß für die Entspannung und Spülung ihrer Brennräume in nächster Nähe der Auspuffschlitze große Auspufräume vorsehen, aus denen während des Spülvorgangs keine störenden Widerstände durch Anstau von Abgas oder Abwasser oder durch Gasschwingungen zurückwirken können. Wie die Abb. 70 erkennen läßt, erweist sich die Zwillingsbauart des Läufers auch in dieser Beziehung

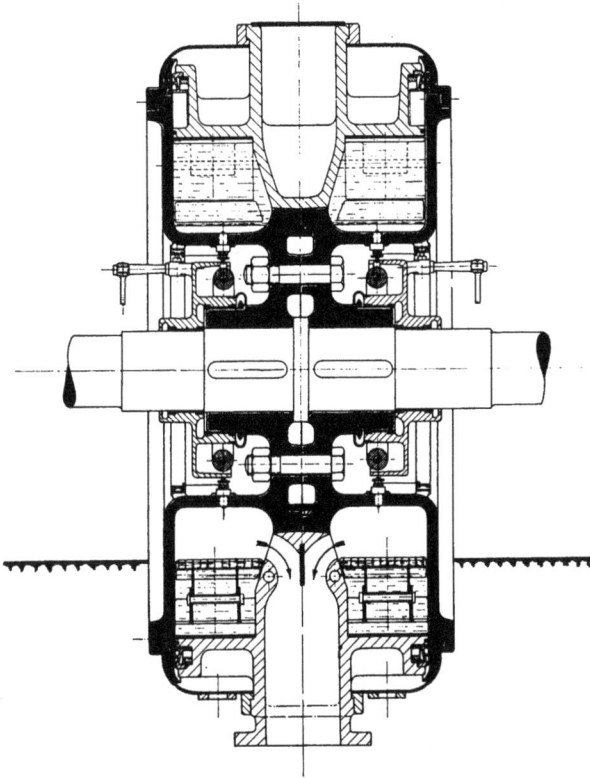

Abb. 70. Längsschnitt der Zwillingsmaschine. (Entwurf.)

als vorteilhaft, denn das gemeinsame Steuergehäuse zwischen den beiden Radhälften ermöglicht den Austritt der Auspuffgase und ihre Wegführung nach unten durch Querschnitte, die sich unmittelbar hinter den Auspuffschlitzen stark erweitern. Damit lassen sich die ersten Vorbedingungen für einen günstigen Verlauf des nachfolgénden Spülvorgangs sichern.

8. Die neue Gasmaschine muß durch eine besondere Spülart dafür Sorge tragen, daß das während des Ladevorgangs einzeln eingeblasene Gas auf möglichst wenig Verbrennungsrückstände trifft und keinesfalls auf einen von diesen erfüllten Wirbelkern. Die Zwillingsbauart

des Läufers verlangt allerdings eine Umkehrspülung, aber es ist bei
einer Zellenradmaschine, deren umlaufende Brennräume sich an Deckel-
schlitzen selbst steuern, nicht unbedingt nötig, die Umkehrung des
Spülstroms zum Wasserspiegel eines Brennraums hin vorzunehmen. Man
kann vielmehr, wie aus Abb. 71 ersichtlich ist, die Spül- und Auspuffschlitze nebeneinander statt übereinander anordnen; das führt nicht
nur zu einer baulichen Vereinfachung des Gehäuses, sondern zu einer
neuartigen, bei gewöhnlichen Kolbenmaschinen nicht erzielbaren Spülwirkung. Nach der Entspannung der Verbrennungsgase gelangt die

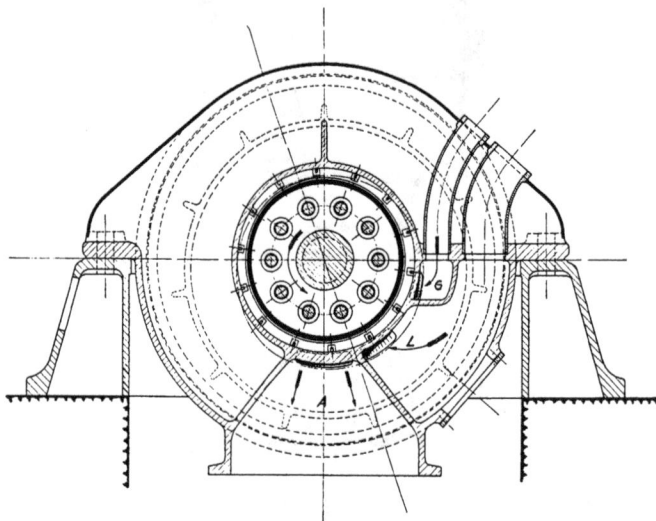

Abb. 71. Querschnitt durch das Steuergehäuse. (Entwurf.)

einzelne Radzelle in den Bereich des Spülschlitzes und die Spülung
beginnt mit zuerst schmalen, dann sich verbreiternden und schließlich
die ganze Zellenbreite erfassenden Luftströmen, während gleichzeitig
die Austrittsöffnung zum Auspuffschlitz hin immer schmäler wird und
schließlich verschwindet. Eine solche Art der Spülung kann den Wasserspiegel nicht aufwühlen, insbesondere nicht einen durch Deckelschutz
gesicherten; sie kann auch den Wirbelkern zwischen den beiden Ästen
des im Brennraum umkehrenden Spülstroms nicht während des ganzen
Spülvorgangs an der gleichen Stelle des Brennraums belassen, sondern
muß ihn relativ zum Auspuffschlitz hindrängen. Dadurch dürfte
eine gründlichere Beseitigung der Verbrennungsrückstände zu erreichen
sein als mit der früher benützten radial gerichteten Umkehrspülung.

9. Die neue Gasmaschine muß unbedingt eine ähnlich vollkommene
mechanische Mischung des nach Abschluß der Spülschlitze eingeblasenen Gases mit der in den Brennräumen enthaltenen Luft erzielen
wie eine mit besonderem Mischventil versehene Viertaktmaschine. Bei

der Erörterung der Betriebsergebnisse der ersten Drehkolbengasmaschine war bereits davon die Rede, in welcher Weise dieses Ziel verfolgt werden kann, und die Abb. 72 zeigt eine geeignete Lösung. Aus feinen Löchern werden Gasstrahlen, bei deren Eintritt die einzelne Radzelle den Bereich der Spülluftschlitze bereits verlassen hat und völlig abgeschlossen ist, derartig gegen die Brennraumwände geblasen, daß sie im Laderaum einen bis zuletzt im gleichen Drehsinn heftig kreisenden Wirbel erzeugen, der allmählich den ganzen Luftinhalt der Zelle erfaßt und bis zur Entflammung ungehindert in Bewegung hält. Das verlangt allerdings verstärkte Ladedrücke in der Gasleitung

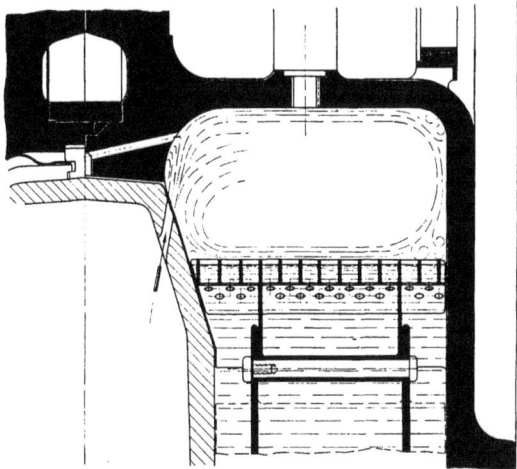

Abb. 72. Gaszuführung in die Brennräume. (Entwurf.)

und im Zusammenhang damit auch besonders zuverlässige Dichtungen im ganzen Gasweg zwischen Ladepumpe und Steueröffnung, damit es nicht zu gefährlichen Gasausströmungen kommen kann. Aber das alles wird aufgewogen durch die hohen Mitteldrücke des Aufladeverfahrens; es wird möglich sein, die mittleren indizierten Drücke der Maschine noch über den in der letzten Versuchsmaschine bereits erzielten Wert von 5,3 kg/cm hinaus zu steigern und gleichzeitig die hohen Gasverluste der ersten Drehkolbenmaschine zu vermeiden. Damit kann das Zweitaktverfahren wieder dem Viertaktverfahren wärmewirtschaftlich ebenbürtig werden.

10. Die neue Gasmaschine muß für die umlaufenden Brennräume des Zellenrads Abreißkerzen erhalten, deren Zündfunke durch keine Anfeuchtung verhindert werden kann, denn die Wasserkolbenmaschine muß unter Umständen auch mit nassen Zündkerzen angelassen werden können. Umlaufende Abreißkerzen versprechen an sich eine größere Unempfindlichkeit

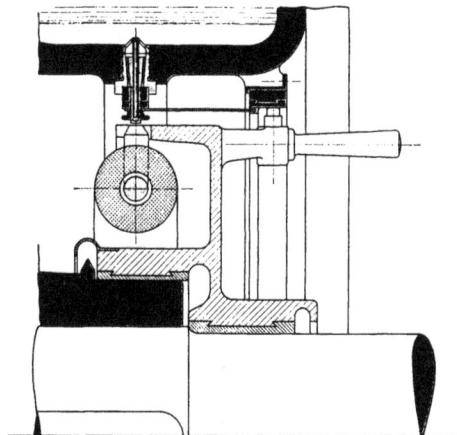

Abb. 73. Umlaufende Abreißkerze. (Entwurf.)

gegenüber einer Benetzung durch Wasser als die üblichen Hochspannungskerzen, die mit ganz geringen Stromstärken arbeiten; sie dürfen
aber selbstverständlich kein äußeres Schlagwerk mit Gestängeteilen
erfordern, wie es an gewöhnlichen Kolbenmaschinen immer noch
üblich ist; schon die Vielzahl der Kerzen verbietet eine derartige
Konstruktion. In der Abb. 73 ist eine Kerze dargestellt, deren Bauart und Betrieb allen Anforderungen entsprechen wird[1]. Was nämlich scheinbar die Anordnung von Abreißkerzen in den umlaufenden
Brennräumen von Zellenradgasmaschinen erschwert, d. h. ihr eigener
dauernder Umlauf, bringt in Wirklichkeit die Möglichkeit, alles äußere
bewegliche Zubehör zum Abreißen eines Kontaktkörpers zu umgehen.
Der Außenkörper der Kerze erhält, durch Glimmer isoliert, eine nicht
magnetische, nach außen abgeschlossene Hülse, und diese ein leichtes
Stahlröhrchen, das zum Brennraum hin an Kontaktstellen des Außenkörpers anliegt, während es mit seinem Oberteil an der stromführenden
Hülse gleiten kann, von der es umschlossen wird. Letztere erhält über
einen ruhenden Schleifkontakt gewöhnlichen, niedrig gespannten Strom
zugeführt und gelangt unmittelbar darauf unter den Einfluß eines ebenfalls ruhenden ungesteuerten Magneten, der kräftig genug ist, um das
im Innern der Kerze an ihm vorüberziehende Stahlröhrchen anzuziehen.
Der kräftige Lichtbogen, der im Bereich des Gasgemisches entsteht,
wird sogleich wieder dadurch gelöscht, daß die äußere Stromzuführung
durch den Schleifkontakt auf die nachfolgende Kerze übertragen wird.
Eine derartige Zündkerze kann beim Anlassen mit hinreichender Stromstärke versehen werden, so daß jede Wasserbrücke an der Kontaktstelle
des Abreißröhrchens zerschlagen wird. Für den nachfolgenden Normalbetrieb wird man die Stromstärke im Interesse geringen Abbrands der
Kontakte soweit heruntersetzen als es zulässig ist.

11. Die neue Gasmaschine muß für ihren Läufer mindestens den
mechanischen Wirkungsgrad einer gewöhnlichen Kolbenmaschine erreichen und deshalb alle Bewegungswiderstände innerhalb
des Gehäuses möglichst verkleinern. Der Hauptanteil aller inneren
Widerstände der Drehkolbengasmaschine entsteht als Flüssigkeitsreibung an den benetzten Gehäusewänden und dieser wächst mit der
dritten Potenz der Umfangsgeschwindigkeiten des Wasserkörpers. Man
wird deshalb zunächst darauf zu achten haben, daß die bespülte Gehäusefläche möglichst klein wird, d. h. man wird die Dicke des Wasserkörpers,
die ja mit der Spritzsicherheit seiner Spiegelflächen nichts mehr zu
tun hat, so gering als möglich halten. Man wird außerdem bestrebt
sein müssen, die Schleuderdrücke der Drehschieber des Läufers so
aufzunehmen, daß auch zwischen diesen einzigen beweglichen Läuferteilen und dem sie umhüllenden Gehäuse keine mechanische, sondern

[1] DRP. Stauber, 551 240.

reine Flüssigkeitsreibung entsteht. Die Benützung von einteiligen breiten Stützzylindern, die mitumlaufen, scheint die Bildung von sicher tragenden Wasserfilmen nicht zu gewährleisten; außerdem verbietet sie sich in Großmaschinen von selbst. Es wird sich also empfehlen, diese Stützzylinder in einzelne Tragschuhe aufzulösen, wie es in der Abb. 74

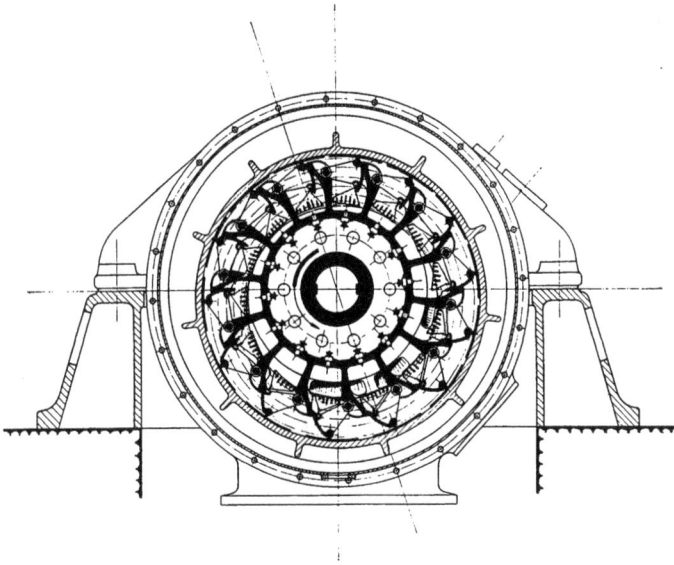

Abb. 74. Querschnitt durch den Läufer. (Entwurf.)

dargestellt ist. Die Tragschuhe ergeben an der Gehäusewand spezifische Auflagerdrücke unter 3 kg/cm² und laufen dabei mit Geschwindigkeiten von über 20 m/s um. Obwohl Einzelversuche mit solchen Tragschuhen noch nicht vorliegen, darf doch unter Anlehnung an die Erfahrungen mit Michell-Lagern erwartet werden, daß die hohe Gleitgeschwindigkeit dieser Schuhe zusammen mit ihrer geringen spezifischen Belastung auch bei der geringen Zähigkeit des Wassers ausreichend sein wird, um einen Wasserfilm entstehen zu lassen. Eine dritte Maßnahme zur Erzielung eines günstigen mechanischen Wirkungsgrads des Läufers liegt natürlich in einer hinreichend niedrigen Umfangsgeschwindigkeit zwi-

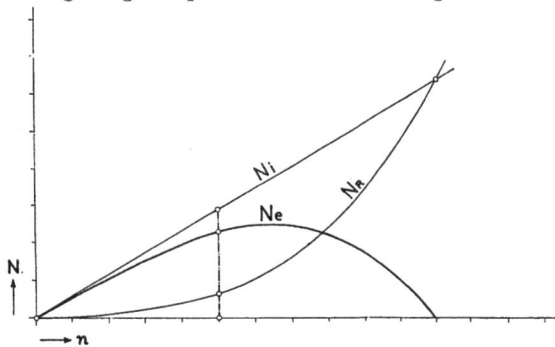

Abb. 75. Gasarbeit und Reibungsarbeit. (Schema.)

8*

schen Wasser und Gehäuse. Es darf angenommen werden, daß die indizierte Gasarbeit linear mit der Drehzahl der Maschine wächst. Für ein bestimmtes Beispiel ist in der Abb. 75 gezeigt, in welchem Verhältnis indizierte Gasarbeit und Reibungsarbeit mit der Drehzahl der Maschine zunehmen. Die zugehörigen Linienzüge schneiden sich bei einer bestimmten Drehzahl bzw. Umfangsgeschwindigkeit eines Läufers; bei dieser Drehzahl ist die Maschine ihre eigene Wasserbremse. In einer anderen bestimmten Drehzahl erreicht die Maschine eine effektive Höchstleistung, aber nicht zugleich ihren höchsten mechanischen Wirkungsgrad. Zu einem mechanischen Wirkungsgrad von 80% gehört endlich eine bestimmte Drehzahl, die wesentlich geringer ist als diejenige von normalen Dampfturbinen. In den größten Leistungshöhen, die mit einer Zellenradgasmaschine erreichbar sind, wird sie also kein Schnelläufer sein können; aber ihre Drehzahlen werden immer noch über denjenigen gleichstarker Kolbenmaschinen von gewöhnlicher Bauart liegen.

12. Als letzte bauliche Forderung ergibt sich für die neue Gasmaschine diejenige nach einer dauernd selbsttätigen Ergänzung und Erneuerung ihres Wasserkörpers. Das von der Gasseite her und durch die Innenreibung des Läufers erwärmte Wasser wandert zum Drehmittel hin und muß dort beseitigt werden; Verunreinigungen, die durch den Brennstoff oder durch das Wasser selbst eingeschleppt worden sind, wandern nach außen und müssen dort beseitigt werden; der Wasserverlust, der durch die Radspalte und durch den Auspuff entsteht, muß gedeckt werden. Es wird sich empfehlen, die Auspuffschlitzkanten hauptsächlich zur Kontrolle des Wasserinhalts der Maschine zu benützen, nicht aber zur Entfernung des gesamten zu erneuernden Wasserinhalts. Die Wände des Steuergehäuses bieten günstige Gelegenheit für den Anschluß von Wasserleitungen in verschiedenen Abständen vom Drehmittel des Läufers, mit deren Hilfe der Wasserkörper dauernd erneuert werden kann. Die Druckunterschiede in den einzelnen Zonen des Gehäuses legen überdies einen Kreislauf für das zu reinigende und zu kühlende Betriebswasser nahe, welches an Stellen höheren Überdrucks abgezapft und ohne Zuhilfenahme von besonderen Pumpen an Stellen niedrigen Innendruckes wieder einzuführen wäre. Auf diese Weise läßt sich dafür sorgen, daß die Spaltringe des Läufers stets reines Wasser abzudichten haben.

So steht am Ende einer Entwicklung, die von der Fehlkonstruktion Vogts ausgegangen ist, eine Gasmaschinenbauart, die sehr wohl dazu berufen sein kann, die bis jetzt übliche, vielfach nicht mehr konkurrenzfähige Form der Großgasmaschine zu ersetzen. Wenn sie in guten Händen zur völligen Marktreife entwickelt ist, was eines Tages der Fall sein wird, löst sie restlos das in der Einleitung gestellte Problem. Ihre Betriebssicherheit wird höher sein als die in den Großgasmaschinen bisher erzielte, denn sie bietet keine Gelegenheit für Wärmerisse, für

Schmierfehler, für Fundamentbrüche und für lästige Fernwirkungen durch freie Kräfte. Sie wird ferner wesentlich billiger sein als die liegende Großgasmaschine und sogar als die gasgefeuerte Dampfturbinenanlage gleicher Leistung, denn sie enthält weder einen Umweg mit Kräften noch einen solchen mit Wärme; sie erfordert endlich für ihren Läufer und sein Gehäuse, wie aus der Abb. 76 hervorgeht, kaum mehr Platz als der Kurbelrahmen einer gleichstarken D.W.T.-Viertaktmaschine und bei geringsten Anforderungen an Bearbeitung keine kostspieligeren Baustoffe als Stahlguß und Bronze.

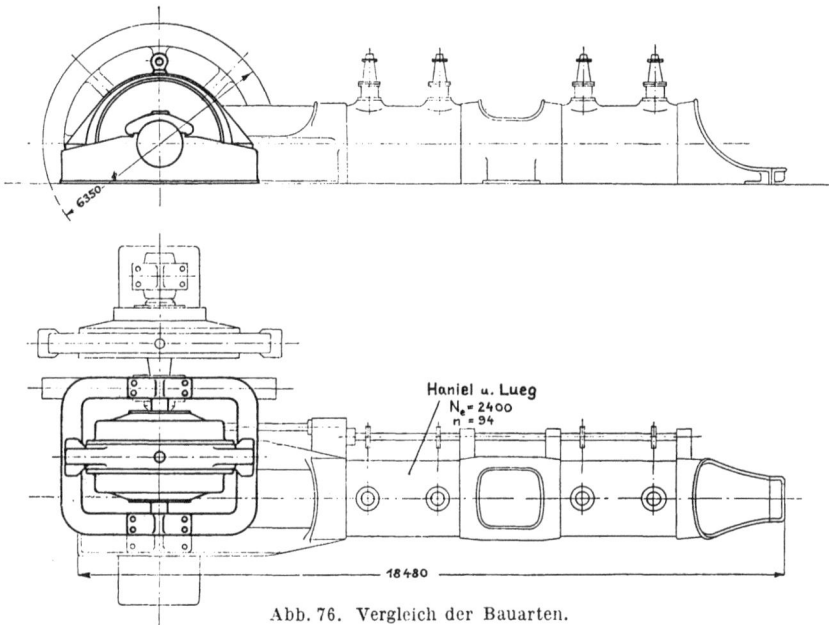

Abb. 76. Vergleich der Bauarten.

In »H. von Helmholtz Reden« findet sich der Satz:

»Ich mußte mich vergleichen einem Bergsteiger, der ohne den Weg zu kennen langsam und mühevoll hinaufklimmt, oft umkehren muß, weil er nicht weiter kann, bald durch Überlegung, bald durch Zufall neue Wegspuren entdeckt, die ihn wieder ein Stück vorwärts leiten und endlich wenn er sein Ziel erreicht, zu seiner Beschämung einen königlichen Weg findet, auf dem er hätte herauffahren können, wenn er geschickt genug gewesen wäre, den richtigen Anfang zu finden.«

Das gilt auch für Arbeiten, die im allgemeinen nicht so hoch bewertet werden wie diejenigen des reinen Wissenschaftlers und wird insbesondere jedem Ingenieur aus der Seele gesprochen sein, der wie der Verfasser die Verwegenheit hatte, abseits vom Gänsemarsch neue Wege zu suchen.

G. STAUBER.

Anhang

Die Flüssigkeitsbewegung
in Wasserkolbenmaschinen

von

Dr.-Ing. Friedrich Engel

ständ. Assistent am Lehrstuhl für Hüttenmaschinenkunde

an der Techn. Hochschule Berlin

Inhaltsverzeichnis.

1. Das Verfahren der Untersuchung.

Beim Entwurf von Wasserkolbenmaschinen besteht eine der grundlegenden Aufgaben darin, die Bewegung des Wasserspiegels zu beherrschen. Für die zahlenmäßige Vorausbestimmung der einzelnen Faktoren, die auf die Schwingungen eines Wasserkörpers an seiner Oberfläche von Einfluß sind, finden sich in der Litteratur bisher keine brauchbaren Anhaltspunkte. Das wirkliche Verhalten freier Wasserflächen ist infolge der außerordentlichen Verschiebbarkeit der Wasserteilchen so verwickelt und so vielfach von den baulichen Abmessungen des Wasserkörpers abhängig, daß eine völlig umfassende Bewegungstheorie, die auch dem Konstrukteur von Nutzen sein könnte, ausgeschlossen ist. Letzten Endes können hier nur Sonderversuche Aufklärung bringen. Was jedoch möglich erscheint, um die Lücken in der Vorstellung auszufüllen, die über schnell schwingende Wasserkörper vielfachen Unklarheiten begegnet, das ist die Festlegung von Grenzbedingungen, die eingehalten werden müssen, wenn nicht von vornherein Zustände in der Maschine eintreten sollen, die ihren Betrieb als Gas-Kraft- oder Arbeitsmaschine in Frage stellen.

Unter diesen Voraussetzungen ist im folgenden der Versuch gemacht worden, die Gesetze aufzufinden, die eine Anfachung des Wasserspiegels zu Schwingungen herbeiführen, sowie zu zeigen, bis zu welchem Grade solche Schwingungen unbedenklich sind.

Dabei wurde von den an Hand der Abb. 17 bis 19 vorstehender Denkschrift Professor Staubers besprochenen Erscheinungen und den dazu gegebenen Erläuterungen ausgegangen.

2. Einflüsse auf die Bewegung.

Die für die Untersuchung wesentlichen Teile sind schematisch in Abb. 77 dargestellt:

1. Das umlaufende Zellenrad mit festen Zellenwänden und beweglichen Schiebern; sein Mittelpunkt ist A.
2. Das exzentrisch zum Zellenrad gelagerte Gehäuse (mit zugehörigen, aber nicht gezeichneten Seitenwänden); Mittelpunkt M.

3. Die Flüssigkeitskolben, einzeln völlig voneinander getrennt, von Zellenwänden nebst Schiebern einerseits, vom Gehäuse und seinen beiden (nicht sichtbaren) Seitenwänden anderseits eingefaßt und bei der Drehung durch die Fliehkraft in die Zellenräume gedrückt, sodaß die dem Drehmittelpunkt zugekehrten Flächen freie Flüssigkeitsspiegel bilden.

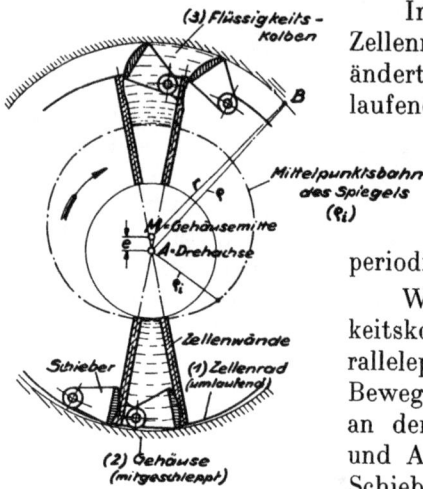

(3) Flüssigkeits-kolben

B

Mittelpunktsbahn des Spiegels (ϱ_i)

M·Gehäusemitte

e

A·Drehachse

ϱ_i

Zellenwände

Schieber

(1) Zellenrad (umlaufend)

(2) Gehäuse (mitgeschleppt)

Abb. 77.

Infolge der exzentrischen Lage des Zellenrades gegenüber dem Gehäuse verändert sich das Fassungsvermögen der umlaufenden Zellen, während die Flüssigkeitsmenge in ihnen gleichbleibt, so daß sowohl die Spiegelentfernung von der Drehachse wie auch die gesamte Form des Flüssigkeitskörpers sich periodisch ändern.

Wenn es möglich wäre, den Flüssigkeitskolben als einfaches Rechtkant (Parallelepiped) auszubilden, so müßten die Bewegungsgesetze des freien Spiegels denen an der Gehäusewand entsprechen. Form und Anordnung der Zellenwände wie der Schieber haben aber eine zusätzliche Wirkung auf die Gestalt des Flüssigkeitskörpers, der zunächst wie jeder in einem umlaufenden System radial bewegte Körper folgenden Einflüssen unterliegt:

1. der Massenbeschleunigung,
2. der Fliehkraftbeschleunigung,
3. der Coriolisbeschleunigung.

Die Gesetzmäßigkeit dieser Einflüsse beruht auf der Veränderlichkeit des Fahrstrahls ϱ, der von A als Drehmittelpunkt des Zellenrades bis zur Berührung B mit der Gehäusewand reicht (Abb. 77 und 78). Bei unveränderlich angenommener Drehgeschwindigkeit ω ist dann $\dfrac{d\varrho}{dt}$ die Verschiebegeschwindigkeit des Punktes B auf dem Strahl ϱ und $\dfrac{d^2\varrho}{dt^2}$ die Massenbeschleunigung dieses Punktes.

Die Fliehkraftbeschleunigung ist durch $\varrho\omega^2$, die Coriolisbeschleunigung durch $2\dfrac{d\varrho}{dt}\omega$ gegeben.

Der Einfluß, den die während der Drehung sich ändernde Zellenform auf den Wasserkörper ausübt, sei als

4. Verdrängerwirkung

bezeichnet.

Von diesen vier Einflüssen würden die Massenbeschleunigung, die Fliehkraftbeschleunigung und die Verdrängerwirkung lediglich die Entfernung des inneren Wasserspiegels gegenüber der Drehachse verändern, im übrigen aber seine Lage zur Gehäusewand wenig oder garnicht umgestalten: es wäre eine reine Verschiebebewegung (vgl. Abb. 80).

Was aber eine Auslenkung des Spiegels aus dieser Grundstellung hervorruft, ist vor allem die Coriolisbeschleunigung. Diese hat zur Folge, daß der Spiegel in eine geneigte Stellung gelangt, aus der er vermöge der Rückstellkräfte wieder in seine alte Lage zurückstrebt und so zu Schwingungen angeregt wird.

3. Die Verschiebebewegung.

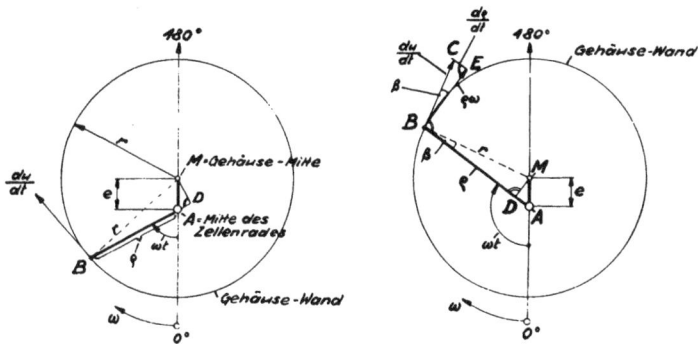

Abb. 78.

Für den einfachsten Fall radialer Schieber gilt zunächst

$$\varrho = \overline{BD} \mp \overline{AD},$$

also

$$\varrho = \sqrt{r^2 - e^2 \cdot \sin^2 \omega t} - e \cdot \cos \omega t \quad \ldots \ldots \ldots \quad (1)$$

und

$$\frac{d\varrho}{dt} = e\,\omega \left(\sin \omega t - \frac{e \cdot \sin \omega t \cdot \cos \omega t}{\sqrt{r^2 - e^2 \sin^2 \omega t}} \right), \quad \ldots \ldots \quad (2)$$

was man auch ohne Differentiation aus den trigonometrischen Beziehungen der drei Dreiecke BCE, BMA, DMA erhält, wenn man beachtet, daß

$$\frac{d\varrho}{dt} = \varrho\,\omega \cdot \mathrm{tg}\,\beta = \varrho\,\omega\,\frac{\sin \beta}{\cos \beta}\,.$$

Mit

$$\sin \beta = \frac{e \cdot \sin \omega t}{r} \quad \text{und} \quad \cos \beta = \frac{\varrho + e \cdot \cos \omega t}{r}$$

findet sich

$$\frac{d\varrho}{dt} = e\,\omega\,\frac{\varrho \cdot \sin \omega t}{\varrho + e \cdot \cos \omega t}, \qquad \dots \dots \quad (2\,\mathrm{a})$$

also das gleiche wie nach (2).

Durch Differentiation von (2) ergibt sich

$$\frac{d^2\varrho}{dt^2} = e\,\omega^2 \left(\cos \omega t + \frac{e\,(\sin^2 \omega t - \cos^2 \omega t)}{\sqrt{r^2 - e^2 \cdot \sin^2 \omega t}} \right.$$
$$\left. - \frac{e^3 \cdot \sin^2 \omega t \cdot \cos^2 \omega t}{(r^2 - e^2 \sin^2 \omega t)\,\sqrt{r^2 - e^2 \sin^2 \omega t}} \right) \quad \dots \quad (3)$$

Das dritte Glied der Klammer kann bei kleinen Werten $e:r$ fortgelassen werden; bereits bei $e:r = 1:4$ ist es zu vernachlässigen. Dann ist die Schreibweise einfacher als mit unentwickeltem ϱ. Diese würde lauten:

$$\frac{d^2\varrho}{dt^2} = e\,\omega^2 \frac{\varrho\,e^2 \cos \omega t\,(1 + \sin^2 \omega t) + \varrho^2 e\,(1 + \cos^2 \omega t) + \varrho^3 \cdot \cos \omega t}{(\varrho + e \cdot \cos \omega t)^3} \quad (3\,\mathrm{a})$$

Für $\omega t = 0^0$ und $\omega t = 180^0$ ergibt sich aus (3):

$$\left(\frac{d^2\varrho}{dt^2} \right)_{0^0} = e\,\omega^2 \left(1 - \frac{e}{r} \right)$$

und

$$\left(\frac{d^2\varrho}{dt^2} \right)_{180^0} = e\,\omega^2 \left(1 + \frac{e}{r} \right),$$

entsprechend den Totpunktbeschleunigungen beim Kurbeltrieb.

Damit ist die radiale Komponente der Flüssigkeitsbewegung an der Gehäusewand bestimmt.

In Richtung des Umfangs hat der Punkt B die Geschwindigkeit

$$\frac{du}{dt} = \frac{\varrho\,\omega}{\cos \beta},$$

was mit

$$\varrho = r \cdot \cos \beta - e \cdot \cos \omega t$$

und einfacher Umformung ergibt

$$\frac{du}{dt} = r\,\omega \frac{\varrho}{\varrho + e \cdot \cos \omega t} \quad \dots \dots \dots \quad (4)$$

oder auch, mit Einsetzung von (1):

$$\frac{du}{dt} = r\,\omega \left(1 - \frac{e \cdot \cos \omega t}{\sqrt{r^2 - e^2 \sin^2 \omega t}} \right). \quad \dots \dots \quad (4\,\mathrm{a})$$

Durch Differentiation erhält man die Umfangsbeschleunigung

$$\frac{d^2 u}{dt^2} = r\,\omega^2 \cdot e \cdot \sin \omega t \frac{e^2 - r^2}{(r^2 - e^2 \sin^2 \omega t)\,\sqrt{r^2 - e^2 \sin^2 \omega t}} \quad \dots \quad (5)$$

oder auch

$$\frac{d^2 u}{d t^2} = r\,\omega^2 \cdot e \sin \omega t \frac{e^2 - r^2}{(\varrho + e \cos \omega t)^3} \quad \ldots \ldots \quad (5a)$$

Da diese Umfangskomponen-
ten sehr erhebliche Werte annehmen, erhalten ausgeführte Maschinen mitumlaufende Gehäuse.
Andernfalls würden die Reibungsverluste unzulässig groß.

Wenn das Rad statt radialer
Platten pendelnde Schieber nach
Abb. 77 erhält, ändern sich die
Bewegungsgleichungen. Zunächst
ergibt sich die Winkelgeschwindigkeit des Drehschiebers aus folgendem Ansatz (vgl. Abb. 79): In jeder Lage ist

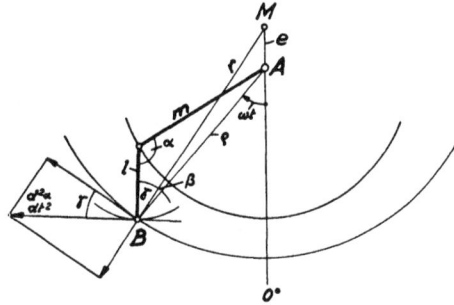

Abb. 79.

$$\cos \alpha = \frac{m^2 + l^2 - \varrho^2}{2\,m\,l} = x, \quad \ldots \ldots \ldots \quad (6)$$

also
$$\alpha = \text{arc cos } x$$

und
$$d\alpha = d \text{ arc cos } x = -\frac{d x}{\sqrt{1 - x^2}},$$

woraus
$$\frac{d\alpha}{d t} = -\omega \frac{e\,\varrho^2 \sin \omega t}{m\,l\,(\varrho + e \cos \omega t)\sqrt{1 - \left(\dfrac{m^2 + l^2 - \varrho^2}{2\,m\,l}\right)^2}} \quad \ldots \quad (7)$$

was sich mit Gl. (2a) und (6) sowie

$$\sin \alpha = \sqrt{1 - \cos^2 \alpha}$$

vereinfacht schreiben läßt:

$$\frac{d\alpha}{d t} = -\frac{d\varrho}{d t} \cdot \frac{\varrho}{m\,l \sin \alpha} \quad \ldots \ldots \ldots \quad (7a)$$

oder auch
$$\frac{d\alpha}{d t} = -\frac{d\varrho}{d t} \cdot \frac{2\,\varrho}{\sqrt{4\,m^2\,l^2 - (\varrho^2 - m^2 - l^2)^2}} \quad \ldots \ldots \quad (7b)$$

Durch Differentiation der Gleichung (7a) erhält man leicht mit

$$d \sin \alpha = \frac{\varrho\,(m^2 + l^2 - \varrho^2)}{2\,m^2\,l^2 \sin \alpha} \cdot d\varrho :$$

$$\frac{d^2\alpha}{d t^2} = -\frac{d\varrho}{d t}\left(e\,\omega\,\varrho \sin \omega t \frac{2\,m^2\,l^2 \sin^2 \alpha - \varrho^2\,(m^2 + l^2 - \varrho^2)}{2\,m^3\,l^3 \sin^3 \alpha\,(\varrho + e \cos \omega t)}\right)$$
$$- \frac{d^2\varrho}{d t^2} \cdot \left(\frac{\varrho}{m\,l \sin \alpha}\right). \quad \ldots \ldots \ldots \quad (8)$$

Man gebraucht zweckmäßig diese und nicht die ganz ausgeschriebene Form, die ihrer geringen Übersichtlichkeit wegen und weil ja die Ausdrücke für $\dfrac{d\varrho}{dt}$ und $\dfrac{d^2\varrho}{dt^2}$ schon entwickelt wurden, außer Betracht bleiben kann. Sie würde lauten:

$$\frac{d^2\alpha}{dt^2} = -\omega^2 \frac{e^2\varrho^2\sin^2\omega t\,(2\,m^2\,l^2\sin^2\alpha - \varrho^2\,[m^2 + l^2 - \varrho^2])\,(\varrho + e\cos\omega t)}{2\,m^3\,l^3\sin^3\alpha\,(\varrho + e\cos\omega t)^3} \,..$$

$$..\, \frac{-2\,e\,\varrho\,m^2\,l^2\sin^2\alpha\,(\varrho\,e^2\cos\omega t\,[1 + \sin^2\omega t]}{} \,..$$

$$..\, \frac{+\varrho^2\,e\,[1 + \cos^2\omega t] + \varrho^3\cos\omega t)}{} \quad \dots\dots\dots \quad (8\,\mathrm{a})$$

Hiervon wirkt der Betrag

$$\frac{d^2 u}{dt^2} = \frac{d^2\alpha}{dt^2}\cdot\cos\gamma$$

als Umfangsbeschleunigung und

$$\frac{v^2}{r} = \frac{d^2\alpha}{dt^2}\cdot\sin\gamma$$

als radiale Komponente. γ wird hierbei am besten aus

$$\cos(\gamma + \beta) = \frac{\varrho^2 + l^2 - m^2}{2\,\varrho\,l}$$

und

$$\cos\beta = \frac{\varrho + e\cos\omega t}{r}$$

ermittelt: Denn es ist $\gamma = (\gamma + \beta) - \beta$.

Bei allen bisherigen Ermittlungen darf nicht vergessen werden, daß sie sich zunächst nur auf einen Punkt B auf der Gehäusewand beziehen. Sie gelten aber allgemein für die gesamte Gehäusefläche und können für die Bestimmung der Reibungs- und Massenkräfte benutzt werden. Für die vorliegende Untersuchung bilden sie die Grundlage, auf der nunmehr die Bewegungsgleichungen für die innere Wasserfläche aufzustellen sind.

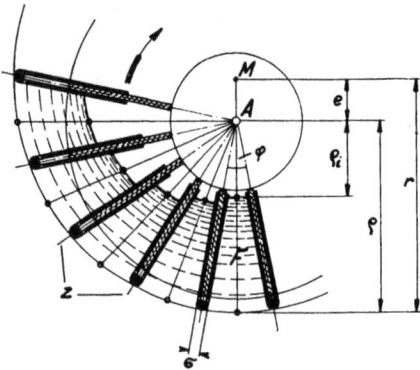

Abb. 80.

Diese Aufgabe besteht zunächst darin, die Entfernung ϱ_i des Mittelpunkts der Fläche vom Drehpunkt A in den einzelnen Zellenlagen während der Drehung zu ermitteln. Da vorläufig an keine weitere Beeinflussung des Wasserspiegels gedacht ist als an die der räumlichen Verlagerung infolge der Veränderlichkeit von ϱ, so kann der Spiegel in der einzelnen Zelle konzentrisch zur Gehäusewand, also als Zylinderfläche mit der Achse in M angenommen werden (vgl. Abb. 80).

Der Querschnitt des einzelnen Zellenausschnittes ohne Berücksichtigung der Wandstärke wäre

$$F' = \int_0^{\varphi} \frac{1}{2} (\varrho^2 - \varrho_i{}^2)\, d\varphi;$$

Der von zwei der z Trennlinien eingeschlossene Winkel ist

$$\varphi = \frac{2\,\pi}{z}.$$

Setzt man die mittlere Wandstärke im Flüssigkeitsbereich gleich σ, so erhält man

$$F = \frac{1}{2} (\varrho^2 - \varrho_i{}^2)\, \varphi - (\varrho - \varrho_i)\, \sigma,$$

woraus

$$\varrho_i = \frac{\sigma z}{2\,\pi} + \sqrt{\left(\varrho - \frac{\sigma z}{2\,\pi}\right)^2 - \frac{z\,F}{\pi}} \quad \text{folgt.} \quad \ldots \ldots \quad (9)$$

Wäre $\sigma = 0$, so wäre einfach

$$\varrho_i' = \sqrt{\varrho^2 - \frac{z\,F}{\pi}}.$$

Da die Produkte aus Zellenzahl z und Wandstärke σ sowie aus Zellenzahl und Flüssigkeitsquerschnitt F in den meisten vorkommenden Fällen als konstant angenommen werden können, schreibt man zweckmäßig mit

$$\frac{\sigma z}{2\,\pi} = p$$

und

$$\frac{z\,F}{\pi} = q$$

die abgekürzte Form

$$\varrho_i = p + \sqrt{(\varrho - p)^2 - q} \quad \ldots \ldots \ldots \quad (9\,\text{a})$$

Daraus ergibt sich die Relativgeschwindigkeit des Wasserspiegels:

$$\frac{d\varrho_i}{d\,t} = \frac{\varrho - p}{\sqrt{(\varrho - p)^2 - q}} \cdot \frac{d\varrho}{d\,t} \quad \ldots \ldots \ldots \quad (10)$$

oder

$$\frac{d\varrho_i}{d\,t} = \frac{\varrho - p}{\varrho_i - p} \cdot \frac{d\varrho}{d\,t} \quad \ldots \ldots \ldots \quad (10\,\text{a})$$

Sie steht also in einem einfachen Verhältnis zu der aus (2a) ermittelten Geschwindigkeit $\dfrac{d\varrho}{d\,t}$.

Die weitere Differentiation ergibt die Beschleunigung des Wasserspiegels:

$$\frac{d^2\varrho_i}{d\,t^2} = \frac{\varrho - p}{\varrho_i - p} \cdot \frac{d^2\varrho}{d\,t^2} - \frac{q}{(\varrho_i - p)^3} \cdot \left(\frac{d\varrho}{d\,t}\right)^2 \quad \ldots \ldots \quad (11)$$

eine Form, die ohne weiteres erkennen läßt, daß im Totpunkt $\omega \cdot t = 0$

$$\frac{d^2 \varrho_i}{d t^2} = \frac{\varrho - p}{\varrho_i - p} \cdot \frac{d^2 \varrho}{d t^2} \quad \ldots \ldots \ldots \quad (11\,a)$$

wird.

Soll dieser Wert den Betrag der Fliehkraftbeschleunigung nicht überschreiten — eine Forderung, die zu erfüllen ist, wenn der Zusammenhalt des Wasserkörpers gewahrt bleiben soll —, so muß für $\omega t = 0$ sein:

$$\varrho_i \omega^2 \gtrsim \frac{\varrho - p}{\varrho_i - p} \cdot e \, \omega^2 \left(1 - \frac{e}{r}\right),$$

oder mit $r - e = \varrho$

$$\frac{\varrho_i}{\varrho} > \frac{\varrho - p}{\varrho_i - p} \cdot \frac{e}{r} \quad \ldots \ldots \ldots \quad (11\,b)$$

bzw. zwecks überschläglicher Kontrolle $p = 0$ gesetzt,

$$\frac{\varrho_i{}^2}{\varrho^2} \gtrless \frac{e}{r} \quad \ldots \ldots \ldots \ldots \quad (11\,c)$$

Danach ist im Punkte $\omega t = 0$ mindestens auszuführen:

$$\varrho_{i_{\mathrm{krit}}} = \frac{p}{2} + \sqrt{\frac{p^2}{4} + \frac{e}{r}(\varrho^2 - \varrho\,p)} \quad \ldots \ldots \quad (11\,d)$$

Diese Form ist einfacher, als mit Einsetzung von $\varrho = r - e$:

$$\varrho_{i_{\mathrm{krit}}} = \frac{p}{2} + \sqrt{\frac{p^2}{4} + \frac{1}{r}\left[e^3 - e^2(2\,r - p) + e(r^2 - r\,p)\right]}.$$

Sind die Seitenwände nicht mehr parallel, wie bisher angenommen,

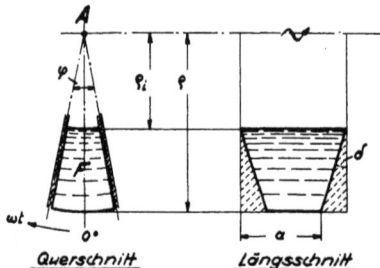

Querschnitt   Längsschnitt

$$\text{Volumen } V = a \cdot F = a\left[\tfrac{\pi}{2}(\varrho^2 - \varrho_i^2) - \sigma(\varrho - \varrho_i)\right]$$

Abb. 81.

sondern gemäß Abb. 81 um den Winkel δ geneigt, so tritt an Stelle von F der Wert $\dfrac{V}{a}$ und man erhält wieder

$$\varrho_i = p + \sqrt{(\varrho - p)^2 - q'},$$

wobei

$$q' = \frac{z \cdot V}{a\,\pi}$$

ist, während

$$p = \frac{\sigma z}{2\,\pi}$$

unverändert bleibt.

4. Die Eigenschwingung.

Zu den bisher aufgestellten Gesetzen der reinen Verschiebebewegung tritt nun als weiterer Einfluß das Zusammenwirken der Fliehkraft und der Corioliskraft. Erstere ist bestimmt durch

$$\varrho \, \omega^2,$$

wirksam in radialer Richtung, letztere durch die tangential angreifende Größe

$$2\,\omega\,\frac{d\varrho}{dt}.$$

Alle Veränderlichen sind hierbei Funktionen von $\sin \omega t$ und $\cos \omega t$, tragen also Schwingungscharakter. Die Maxima und Minima aller Beschleunigungen mit Ausnahme der Coriolisbeschleunigung liegen bei $\omega t = 0^0$ und $\omega t = 180^0$, die Coriolisbeschleunigung aber ist wegen $\frac{d\varrho}{dt}$ um 90^0 gegen jene phasenverschoben. Diese tangential wirkende Kraft führt nun eine Auslenkung der freien Wasserfläche um eine durch ihre Mitte und parallel zur Laufradachse A gelegte Drehachse 0 herbei und regt dadurch den Flüssigkeitskörper zu Eigenschwingungen an (Abb. 82).

Die Periode t_0 dieser Eigenschwingung und diejenige der Coriolisbeschleunigung müssen zur Vermeidung des Resonanzfalles entsprechend weit auseinanderliegen.

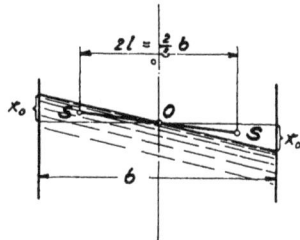

Abb. 82.

t_0 läßt sich, wie folgt, ermitteln: Die Schwingungsdauer eines mathematischen Pendels ist

$$t = 2\,\pi\,\sqrt{\frac{l}{g}}.$$

Nun kann man eine nicht sehr weit über die Gleichgewichtslage hinausschwingende Wassermenge von der Gestalt eines dreieckigen Prismas auffassen als Stab von der Länge

$$\overline{SS} = \frac{2}{3}\,b = 2\,l,$$

wobei b die Breite der Oberfläche quer zur Drehachse und SS die Schwerpunkte der Dreiecksflächen sind. Dann wird

$$t = 2\,\pi\,\sqrt{\frac{b}{3\,g}}.$$

Da bei der Laufraddrehung die Erdbeschleunigung g gegenüber $\varrho_i\,\omega^2$ verschwindend klein wird und vernachlässigt werden kann, gilt dann

$$t_0 = \frac{2\,\pi}{\omega}\,\sqrt{\frac{b}{3\,\varrho_i}}, \quad \dots \dots \quad (12)$$

wogegen die Periode der anfachenden Schwingung gleich der Zeit für eine Umdrehung ist:

$$\tau = \frac{2\,\pi}{\omega}. \quad \dots \dots \quad (13)$$

Kritische Werte sind also außer $b = 3\,\varrho_i$ alle ungerade-ganzzahligen Verhältnisse von $b : \varrho_i$ bzw. $\varrho_i : b$, die auch in der Annäherung vermieden werden müssen. (Vgl. hierzu Hort, Techn. Schwingungslehre, 1. Aufl. S. 97. 2. Aufl. S. 228. Verlag J. Springer, Berlin 1910.)

Eine andere Form der Ableitung ist folgende: Man kann die Wasserfläche als ein um die Mittelachse 0 schwingendes Rechteck $a \cdot b$ auffassen, dessen Trägheitsmoment

$$\Theta = \frac{\gamma_f}{g} \cdot \frac{a\,b^3}{12}$$

und dessen Masse

$$m = \frac{\gamma_f}{g} \cdot a \cdot b$$

ist. Hierin bedeuten γ_f das spezifische Gewicht der Fläche und g die Erdbeschleunigung.

Nun ist bekannt, daß die Schwingungszeit eines physikalischen Pendels derjenigen des mathematischen Pendels gleich ist, wenn statt der Länge l des letzteren die sogenannte reduzierte Länge des physikalischen Pendels eingesetzt wird. Man schreibt dies (nach Hort, a. a. O., S. 10):

$$\frac{\Theta}{m \cdot s} = l,$$

worin $s = \dfrac{b}{4}$ den Schwerpunktsabstand der halben Rechteckfläche von der Drehachse 0 bedeutet. Mit Einsetzung der Werte für Θ und m ist dann

$$l = \frac{b}{3}.$$

Somit ergibt sich wieder

$$t = 2\,\pi \sqrt{\frac{b}{3\,g}}$$

und für die Drehbewegung

$$t_0 = \frac{2\,\pi}{\omega} \cdot \sqrt{\frac{b}{3\,\varrho_i}}.$$

Versuche bestätigen neben der Richtigkeit dieser Gleichung insbesondere auch ihre weitgehende Unabhängigkeit von der Höhe des Wasserkörpers. Voraussetzung ist nur, daß die Schwingungsweiten die Grenze nicht überschreiten, innerhalb deren die ebene Wasserfläche erhalten bleibt.

5. Die erzwungene Schwingung.

Von besonderem Einfluß auf den Verlauf einer erzwungenen Schwingung ist ihre Dämpfung. Wenn sie nicht zu stark ist, so bleibt die Schwingung annähernd harmonisch, falls auch die Erregung harmonisch verläuft. Dieser Fall ist hier vorausgesetzt, um die Ansätze nicht zu sehr zu verwickeln.

Das frei schwingende System, der Wasserspiegel, hat für sich allein, wie oben berechnet, die Schwingungszeit

$$t_0 = \frac{2\pi}{\omega}\sqrt{\frac{b}{3\varrho_i}}.$$

Die periodische Kraft, als Erreger der Schwingung, ist die Corioliskraft, die mit der Periode

$$\tau = \frac{2\pi}{\omega}$$

wirkt. Die von ihr hervorgerufene Amplitude y, gemessen an der Zellenwand, läßt sich aus den Gleichgewichtsbedingungen ermitteln. Dann entsteht die Aufgabe, Frequenz und Amplitude derjenigen Schwingung zu bestimmen, die durch Übertragung der Coriolisimpulse auf den Wasserspiegel entsteht. Das ist die »erzwungene« Schwingung. Ihre Amplituden können bei Synchronismus zwischen Eigen- und Erregerfrequenz den Wert ∞ erreichen, wenn keine Dämpfung vorhanden ist. Dieser Fall heißt »Resonanz«. Jede Dämpfung aber beschränkt die Amplituden auf endliche Werte, die allerdings praktisch ebenfalls unzulässig groß werden können.

Die zweite von der Dämpfung herrührende, ohne sie dagegen ausbleibende Wirkung ist die Phasenverschiebung zwischen der erregenden und der erzwungenen Schwingung: Diese eilt um einen Winkel ε nach.

Die Größe der erreichten Amplituden richtet sich nach der Erregerfrequenz ω. Ist sie klein, so folgt die Bewegung fast dem Antrieb. Mit zunehmendem ω wachsen dann die Ausschläge zunächst bis zur Resonanz, um dann weiterhin wieder abzunehmen, und zwar gegebenenfalls bisauf ganz kleine Werte.

Neben der erzwungenen Schwingung vollführt naturgemäß die Fläche wie jede Masse ihre Eigenschwingungen, die mit den erzwungenen interferieren (vgl. Hort, a. a. O., S. 36f. 2. Aufl. S. 57).

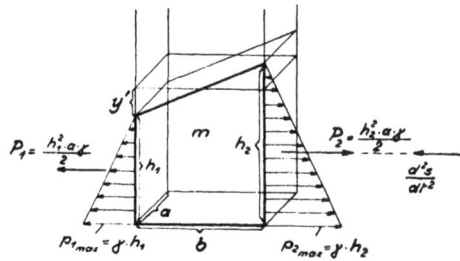

Abb. 83.

y ist also der größte Ausschlag der Wasserfläche infolge der Coriolisbeschleunigung. Er läßt sich wie folgt bestimmen:

Zunächst betrachten wir den einfachen Fall einer waagerechten Verschiebebewegung unter der konstanten Beschleunigung $\frac{d^2 s}{d t^2}$ (Abb. 83). Die Auslenkung des Spiegels beträgt dann

$$2y' = h_2 - h_1.$$

9*

Aus

$$P = P_2 - P_1 = \frac{a \cdot \gamma}{2}(h_2{}^2 - h_1{}^2) = m \cdot \frac{d^2 s}{d t^2}$$

folgt mit

$$m = \frac{h_1 + h_2}{2} \cdot a \cdot b \cdot \frac{\gamma}{g}:$$

$$2 y' = b \cdot \frac{\dfrac{d^2 s}{d t^2}}{g}, \ \ \ \ldots \ (14)$$

d. h. die Schrägstellung erfolgt proportional der Breite des Wasserspiegels und dem Verhältnis von Verschiebebeschleunigung zu Erdbeschleunigung.

Für die Drehbewegung mit der konstanten Winkel-

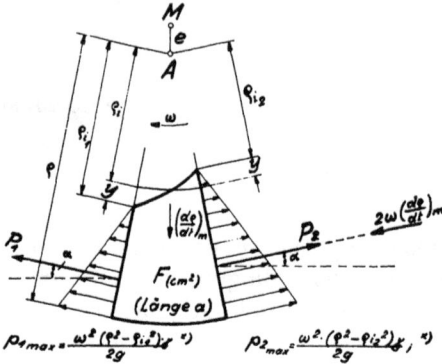

*) unter Vernachlässigung der Massenkräfte, die nicht wesentlich von Einfluss sind: Vgl. Abb 85.

Abb. 84.

geschwindigkeit ω und der (mittleren) Coriolisbeschleunigung $2\,\omega\left(\dfrac{d\varrho}{d t}\right)_m$ gilt entsprechend (Abb. 84):

$$2 y = \varrho_{i_1} - \varrho_{i_2}.$$

Aus

$$P = P_2 - P_1 = \frac{\omega^2 \cdot \gamma \cdot a}{4 g} \cdot [(\varrho^2 - \varrho_{i_2}^2)(\varrho - \varrho_{i_2}) - (\varrho^2 - \varrho_{i_1}^2)(\varrho - \varrho_{i_1})]$$

$$= m \cdot 2\,\omega \left(\frac{d\varrho}{d t}\right)_m$$

folgt mit

$$m = \frac{F \cdot a \cdot \gamma}{g}$$

zunächst

$$\varrho^2 (\varrho_{i_1} - \varrho_{i_2}) + \varrho (\varrho_{i_1}^2 - \varrho_{i_2}^2) - (\varrho_{i_1}^3 - \varrho_{i_2}^3) = \frac{4 F}{\omega^2} \cdot 2\,\omega \left(\frac{d\varrho}{d t}\right)_m$$

und hieraus, wenn man noch setzt:

$$\varrho_{i_1} + \varrho_{i_2} = 2\,\varrho_i$$

sowie

$$\varrho_{i_1} \cdot \varrho_{i_2} \approx \varrho_i{}^2 :$$

$$2 y = 4 F \cdot \frac{2\,\omega \left(\dfrac{d\varrho}{d t}\right)_m}{\omega^2 (\varrho^2 + 2\,\varrho\,\varrho_i - 3\,\varrho_i{}^2)},$$

oder auch, anders geschrieben,

$$2 y = \frac{8 F \cdot \left(\dfrac{d\varrho}{d t}\right)_m}{\omega (\varrho^2 + 2\,\varrho\,\varrho_i - 3\,\varrho_i{}^2)} \ \ \ \ldots \ldots \ (15)$$

Dies ist also die Erregeramplitude. Um nun zu der Amplitude x der erzwungenen Schwingung zu gelangen, kann man von folgender Betrachtung ausgehen:

Die bekannte Differentialgleichung für dämpfungsfreie Schwingungen

$$m \frac{d^2 x}{d t^2} + c x = 0,$$

in der m irgendeine Masse und c die Rückstellkraft bedeuten, geht bei
der erwzungenen Schwingung über in die Form

$$m \frac{d^2 x}{d t^2} + c (x - y) = 0.$$

Die allgemeine Lösung jeder Differentialgleichung dieser Art lautet aber

$$x = A \sin \omega t + B \cos \omega t \quad \ldots \ldots \ldots \quad (16)$$

(vgl. »Hütte«, 26. Aufl., Bd. I, S. 276), wobei A und B die den An-
fangsbedingungen anzupassenden Integrationskonstanten sind. Differentiiert man zweimal, so erhält man

$$\frac{d^2 x}{d t^2} = - A \omega^2 \sin \omega t - B \omega^2 \cos \omega t.$$

Nach Einsetzung der beiden letzten Ausdrücke in obige Differentialgleichung ergibt sich

$$- m \omega^2 (A \sin \omega t + B \cos \omega t) + c A \sin \omega t + c B \cos \omega t = c y.$$

Nun ist aber y selbst eine Funktion von ωt, denn $\left(\frac{d \varrho}{d t} \right)_m$ in Gl. (15)
ist abhängig von ωt, wenn auch diese Abhängigkeit wegen der Zellenform
keine genaue Sinusfunktion mehr ist. Die Abweichung ist jedoch gering, und man kann mit praktisch vollkommen ausreichender Annäherung
setzen

$$y = Y \cdot \sin \omega t.$$

Damit erhält man

$$- m \omega^2 (A \sin \omega t + B \cos \omega t) + c A \sin \omega t + c B \cos \omega t = c \cdot Y \cdot \sin \omega t.$$

oder, nach sin und cos geordnet:

$$\sin \omega t (c A - m A \omega^2 - c Y) + \cos \omega t (c B - m B \omega^2) = 0.$$

Das ist aber nur möglich, wenn

$$c A - m A \omega^2 - c Y = 0$$

und

$$c B - m B \omega^2 = 0.$$

Somit ergibt sich

$$A = \frac{c}{c - \omega^2 m} \cdot Y$$

und

$$B = 0.$$

wenn $c - m\,\omega^2$ endlich bleibt. Gl. (17) schreibt sich damit als Lösung der Form (16):

$$x = \frac{c}{c - \omega^2 m} \cdot y \quad \dots \dots \dots \dots (17)$$

Um zu einer Definition von c und m zu gelangen, beachten wir, daß in der Gleichung

$$t_0 = 2\,\pi\,\sqrt{\frac{\Theta}{m \cdot s \cdot g}}$$

Θ der Masse und $m \cdot s \cdot g$ bzw. $m \cdot s \cdot \varrho_i\,\omega^2$ der Rückstellkraft entsprechen, wobei die Dimensionen von m und Θ zu berücksichtigen sind. Dann kann man schreiben

$$\Theta = m = \frac{\gamma_f}{g} \cdot \frac{a \cdot b^3}{12} \ \text{mkg} \cdot \text{s}^2$$

und

$$c = \frac{\gamma_f}{g} \cdot a \cdot b \cdot \varrho_i\,\omega^2 \cdot \frac{b}{4} \ \text{mkg}.$$

Hiermit ergibt sich aus (17):

$$x = \frac{\varrho_i}{\varrho_i - \dfrac{b}{3}} \cdot y \quad \dots \dots \dots \dots (18)$$

Die Resonanzbedingung ($x = \infty$) lautet also auch hier wieder

$$b = 3\,\varrho_i.$$

Ferner läßt Gl. (18) erkennen, daß die erzwungene Schwingung hier, wo die Dämpfung gleich Null ist, synchron mit der Corioliserregung verläuft.

Anders gestalten sich nun die Verhältnisse unter Berücksichtigung der stets vorhandenen Dämpfung, verursacht durch Reibung und Wirbelbildung. Wie schon erwähnt, erfolgt dann die Bewegung nicht mehr synchron, sondern unter einem Nacheilwinkel ε, und außerdem ergeben sich rechnerisch keine unendlich großen Ausschläge mehr, was allerdings für schwingende Wasserspiegel seine praktische Bedeutung insofern verliert, als auch schon verhältnismäßig geringe Ausschläge zum Überschlagen des Spiegels führen können.

Wir berücksichtigen die Dämpfung durch folgenden Ansatz:

$$x = p \cdot \sin(\omega\,t + \varepsilon)$$

(vgl. Hort, a. a. O., S. 39. 2. Aufl. S. 59), wobei p die Amplitude und ε den Winkel der Phasenverschiebung bedeuten.

Nach zweimaligem Differentiieren und Einsetzen der Werte in die Gleichung

$$m\,\frac{d^2 x}{d t^2} + k\,\frac{d x}{d t} + c\,x = c \cdot y$$

findet man

$$\varepsilon = -\operatorname{arc\,tg} \frac{\omega\,k}{c - \omega^2\,m}$$

und

$$p = \frac{Y}{\sqrt{(c - \omega^2\,m)^2 + k^2\,\omega^2}}.$$

Über den Dämpfungsbeiwert k kann nur durch Versuche entschieden werden, denn er enthält die Verlustziffer μ. Außerdem ist angenommen, daß die Dämpfung proportional der Geschwindigkeit ist. Andere Abhängigkeiten können leicht durch entsprechende Potenzen von $\frac{d\,x}{d\,t}$ berücksichtigt werden. k ergibt sich in der Einheit m · kg · s aus der Größe der Flächenreibung in Funktion der Geschwindigkeit. Man kann daher setzen

$$k = \frac{\dfrac{a \cdot b \cdot \gamma_f}{g} \cdot \varrho_i\,\omega^2 \cdot O \cdot \mu}{\left(\dfrac{d\,\varrho}{d\,t}\right)_m}$$

und erhält damit

$$\varepsilon = -\operatorname{arc\,tg} \frac{O \cdot \varrho_i \cdot \omega \cdot \mu}{b\left(\varrho_i - \dfrac{b}{3}\right)\left(\dfrac{d\,\varrho}{d\,t}\right)_m} \quad \ldots \ldots \ldots \quad (19)$$

worin O die der Reibung unterliegende Fläche bedeutet.

Man erkennt, daß für $b = 3\,\varrho_i$

$$\operatorname{tg}\varepsilon = \infty, \text{ also } \varepsilon = 90^0$$

wird. Dies ist also die größte Nacheilung, die möglich ist.

Der Maximalwert der Amplitude bei Dämpfung liegt stets unter dem dämpfungsfreien Wert; er ergibt sich aus der Gleichung für p, wenn $\sqrt{(c - \omega^2\,m)^2 + k^2\,\omega^2}$ ein Minimum wird. Differentiiert und gleich Null gesetzt, wird daraus

$$\frac{\omega\,(k^2 - 2\,m\,[c - \omega^2\,m])}{\sqrt{(c - \omega^2\,m)^2 + k^2\,\omega^2}} = 0$$

und somit

$$\omega = \frac{1}{m}\sqrt{m\,c - \frac{k^2}{2}}.$$

Mit Einsetzung der Werte von m, c und k erhält man

$$\omega = \frac{b^2 \cdot \left(\dfrac{d\,\varrho}{d\,t}\right)_m^2}{8{,}48 \cdot \varrho_i \cdot O \cdot \mu}\,\mathrm{s}^{-1} \quad \ldots \ldots \ldots \quad (20)$$

d. h. bei dieser Winkelgeschwindigkeit erreicht die Amplitude p ihren Höchstwert.

6. Beispiel.

In einem Zahlenbeispiel lassen sich nun die gewonnenen Ergebnisse übersichtlich zusammenfassen. Eine Zahlentafel und die Kurven der Abb. 85 und 86 veranschaulichen die in Betracht kommenden Einzelheiten. Abb. 85 stellt die bei der Bewegung des Wasserkolbens auftretenden Beschleunigungen dar, Abb. 86 zeigt den Verlauf der Spiegelschwankungen in ihren Grenzwerten.

Mit den einer Ausführung entnommenen Konstruktionsgrößen ergibt sich die Eigenschwingungszahl der Wasserfläche. Ihrer veränderlichen Breite b zwischen den beiden Totlagen entsprechen zwei Grenzwerte für t_0. In der Innenlage ist $b_0 = 1,3$ cm, in der Außenlage $b_{180} = 3,3$ cm. Daraus folgt

$$(t_0)_0 = 0,0118 \text{ s}$$

und

$$(t_0)_{180} = 0,0136 \text{ s},$$

entsprechend etwa 85 und 74 Schwingungen in der Sekunde. Die Periode der Erregung dauert

$$\tau = 0,0418 \text{ s,}$$

entsprechend einer Frequenz von 24.

Angenommene Festwerte

$$r = 16 \text{ cm}; \quad e = 1 \text{ cm}; \quad \omega = 150 \text{ s}^{-1};$$

$$\sigma = 1 \text{ cm}; \quad z = 16; \quad F = 28 \text{ cm}^2;$$

$$p = \frac{\sigma \cdot z}{2\pi} = 2,7 \text{ cm}^2; \quad q = \frac{z \cdot F}{\pi} = 143 \text{ cm}^2;$$

$$C = 65 \text{ cm}^2; \quad \mu = 0,1.$$

Die eingeklammerten Zahlen (1).....(19) bedeuten die zugehörigen Gleichungen.

$\omega t =$		ϱ	$\frac{d\varrho}{dt}$	$\frac{d^2\varrho}{dt^2}$	ϱ_i	$\frac{d\varrho_i}{dt}$	$\frac{d^2\varrho_i}{dt^2}$	$\left(\frac{d\varrho}{dt}\right)_m$	y	x	$-\operatorname{tg}\varepsilon$	$-\varepsilon$
φ Grad	arc φ	(1) cm	(2) cm s⁻¹	(3) m s⁻²	(9) cm	(10) cm s⁻¹	(11) m s⁻²	— cm s⁻¹	(15) cm	(18) cm	(19)	— Grad
0	0	15	0	211	5,5	0	926	0	0	0	∞	90
22,5	¹/₈ π	15,07	54	198	5,9	209	635	132	0,33	0,36	5,7	80
45	²/₈ π	15,28	102	159	6,6	328	264	215	0,53	0,58	3,06	72
67,5	³/₈ π	15,59	135	96	7,5	363	22	249	0,60	0,66	2,04	65
90	¹/₂ π	15,94	150	14	8,4	348	−140	250	0,60	0,67	1,73	60
112,5	⁵/₈ π	16,36	142	− 76	9,3	294	−259	218	0,52	0,58	1,78	61
135	⁶/₈ π	16,69	111	−159	10,0	213	−351	162	0,39	0,43	2,23	66
157,5	⁷/₈ π	16,92	61	−218	10,4	113	−414	87	0,21	0,23	3,94	76
180	π	17	0	−245	10,5	0	−440	0	0	0	∞	90

Das Verhältnis ist also ein ganz unharmonisches und kann zum mindesten eigentliche Resonanz, besonders infolge der Veränderlichkeit der Eigenschwingungszahlen, nicht verursachen, wenn auch in der Außenlage bei 74 zu 24 nahezu der kritische Wert 3 erreicht wird.

Die erzwungene Schrägstellung des Wasserspiegels zwischen den beiden Zellenwänden ist $2x$. Den periodischen Verlauf zeigt Abb. 86, aus der zu erkennen ist, in welcher grundsätzlichen Art die Auslenkung nicht synchron mit der Corioliserregung erfolgt, sondern infolge der Dämpfung jeweils um einen veränderlichen Winkel ε nacheilt. Die Auslenkung, die z. B. bei 90⁰ vorhanden wäre, wenn sie synchron erfolgte, tritt erst um den Winkel $\varepsilon = 60^0$ (s. Zahlentafel) später ein.

Die Ausschläge sind ohne Berücksichtigung der Dämpfung berechnet, werden also in Wirklichkeit noch etwas geringer.

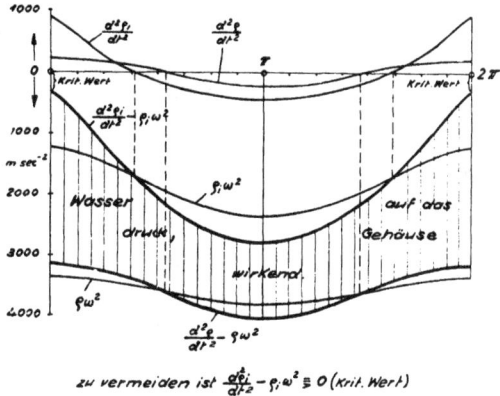

Abb. 85.

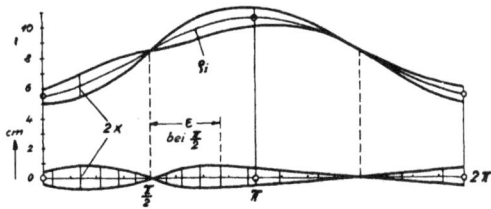

Abb. 86.

Die Fläche zwischen den im Abstand $2x$ nebeneinander laufenden und bei der Umkehr der Schrägstellung sich zweimal schneidenden Kurven stellt den Bereich dar, innerhalb dessen etwa die tatsächlichen Spiegelschwankungen zu erwarten sind. Denn wenn auch Überlagerungen eine Amplitudenvergrößerung herbeiführen, so sind doch erstens die Ausschläge, wie gesagt, schon höher berechnet, und zweitens kann natürlich die Wasserfläche bei diesen verwickelten Vorgängen kein absolut glatter Spiegel mehr bleiben, dessen tatsächliche Wellenbewegung sich deshalb auch nicht darstellen läßt. Um so wichtiger ist es, den aus Abb. 85 anschaulich hervorgehenden Überschuß an Fliehkraft in der Innentotlage genügend groß zu halten, damit die Brauchbarkeit des Wasserkolbens auch als steuernder Triebwerkteil nicht von vornherein in Frage gestellt wird, was besonders bei seiner Verwendung in Gasmaschinen von Bedeutung ist.

r **Schiffsmaschinenbau.** Von Prof. Dr. phil. Dr.-Ing. e.h. Bauer.

Band I: Die Theorie des Dampfmaschinenprozesses. Die Konstruktion der Kolbendampfmaschine. Theorie und Konstruktion der Schiffsschraube. Theoretischer Anhang. 766 S., 793 Abb., 70 Tab. Lex.-8. 1923. RM. 29.70, Lw. RM. 35.—

Band II: Theorie und Konstruktion der Dampfturbinen. Anhang ausgewählter Kapitel. 644 S., 491 Abb., 1 i-s-Diagramm. 72 Tab., Lex.-8⁰. 1927. RM. 48.60, Lw RM. 52.90

Die Dampfturbinenregelung. Ausmittlung, Ausführung, Betrieb. Von Obering. P. Danninger. 242 S., 171 Abb. Gr.-8⁰. 1934. Lw RM. 15.—

Experimentelle Untersuchungen an schnellaufenden Kleinmotoren unter bes. Berücksichtigung des Ausspülverlustes bei Zweitakt-Gemischmaschinen. Von Dr.-Ing. Albert Geißler. 69 S., 19 Abb., 8 Zahlentafeln. Gr.-8⁰. 1930. RM. 4.50

Berechnen und Entwerfen von Turbinen- und Wasserkraftanlagen. Von Ing. P. Holl. Neu bearb. von Dipl.-Ing. E. Glunk. 4. Aufl. 197 S., 41 Abb., 6 Tafeln. Gr.-8⁰. 1927. RM. 7.90, Lw. RM. 9.40

Raschlaufende Ölmaschinen. Untersuchungen an Glühkopf-, Diesel- und Vergasermaschinen. Von Dr.-Ing. O. Kehrer. 117 S., 81 Abb., 12 Tafeln. Lex.-8⁰. 1927. RM. 9.—, Lw. RM. 10.80

Theorie und Bau von Turbinen-Schnelläufern. Von Prof. Ing. Dr. techn. h. c. Victor Kaplan und Prof. Dr. techn. Alfred Lechner. 308 S., 219 Abb. Gr.-8⁰. 1931. Lw RM. 16.20.

Verhalten von raschlaufenden Gegendruckturbinen bei Drehzahländerungen. Von Dr.-Ing. K. Mauritz. 46 S., 31 Abb. Lex.-8⁰. 1927. RM. 4.—

Dampfturbinen, Berechnung und Konstruktion. Von Prof. Dr.-Ing. Leonhard Roth. 109 S., 61 Abb. Gr.-8⁰. 1929. RM. 5.40

Versuchsergebnisse des Versuchsfeldes für Maschinenelemente der Technischen Hochschule zu Berlin. (Vorsteher: Professor O. Kammerer.) Bisher erschienen 11 Hefte.

Untersuchungen über die Wasserrückkühlung in künstlich belüfteten Kühlwerken. Von Dipl.-Ing. Friedrich Wolff. 69 S., 28 Abb., 19 Kurventaf. 2 Diagramme als Beilage. Lex.-8⁰. 1928. RM. 8.10

R. OLDENBOURG · MÜNCHEN 1 UND BERLIN

www.ingramcontent.com/pod-product-compliance
Lightning Source LLC
Chambersburg PA
CBHW070241230326
41458CB00100B/5710